普通高等教育"十二五"规划教材

电工电子基础课程规划教材

电工学（下册）习题及实验指导
——电子技术基础

查丽斌　主编

李自勤　孔庆鹏　辛　青　编著

電子工業出版社
Publishing House of Electronics Industry
北京·BEIJING

内 容 简 介

本书是《电工学（下册）——电子技术基础》的配套习题集和实验指导书。全书共9章，前8章的主要内容包括与主教材各章对应的知识要点总结、本章重点与难点、重点分析方法与步骤、填空题和选择题、习题等；第9章包含11个典型实验，由6个模拟电路实验和5个数字电路实验构成，只给出实验内容和实现电路，不给出具体参数，不针对具体的实验板设计，通用性强。

本书可与《电工学（上册）——电工技术基础》和《电工学（上册）习题及实验指导——电工技术基础》等书配套使用。

本书可作为高等学校非电类专业的本科生教材，也可作为自学考试和成人教育的自学教材，还可供电子工程技术人员学习参考。

未经许可，不得以任何方式复制或抄袭本书之部分或全部内容。
版权所有，侵权必究。

图书在版编目（CIP）数据

电工学习题及实验指导. 下册，电子技术基础 / 查丽斌主编. —北京：电子工业出版社，2015.1
电工电子基础课程规划教材
ISBN 978-7-121-25046-0

Ⅰ. ①电… Ⅱ. ①查… Ⅲ. ①电工技术－高等学校－教学参考资料②电子技术－高等学校－教学参考资料 Ⅳ. ①TM②TN

中国版本图书馆 CIP 数据核字（2014）第 283948 号

策划编辑：王羽佳
责任编辑：王羽佳　　文字编辑：王晓庆
印　　刷：三河市鑫金马印装有限公司
装　　订：三河市鑫金马印装有限公司
出版发行：电子工业出版社
　　　　　北京市海淀区万寿路 173 信箱　邮编　100036
开　　本：787×1092　1/16　印张：10.25　字数：262 千字
版　　次：2015 年 1 月第 1 版
印　　次：2015 年 1 月第 1 次印刷
印　　数：3000 册　定价：25.00 元

凡所购买电子工业出版社图书有缺损问题，请向购买书店调换。若书店售缺，请与本社发行部联系，联系及邮购电话：(010)88254888。
质量投诉请发邮件至 zlts@phei.com.cn，盗版侵权举报请发邮件至 dbqq@phei.com.cn。
服务热线：(010)88258888。

前 言

本书是《电工学（下册）——电子技术基础》的配套用书，可以作为学生的习题册和实验指导书。

近年来，为了提高高等学校的教学质量，教育部和各高校都投入了大量的精力，采取了很多有效措施。为了提高"电子技术基础"课程的教学质量，除了要求学生在课堂上认真听讲外，还必须要求学生在课外多做练习，认真完成课外作业，同时加强实践性环节的训练。本书正是在这样的背景下为满足教学需要而编写的。

本书共9章，前8章对应主教材的内容，即模拟集成运算放大器及其应用、半导体二极管及直流稳压电源、晶体三极管及其放大电路、场效应管放大电路与功率放大电路、电子电路中的反馈、门电路与组合逻辑电路、触发器与时序逻辑电路，以及模拟量与数字量的转换等，每章包括知识要点总结、本章重点与难点、重点分析方法与步骤、填空题和选择题、习题等5部分内容。其中，知识要点总结、本章重点与难点、重点分析方法与步骤等内容，可帮助学生在完成课后作业前，系统地复习和总结每章的内容；填空题和选择题是对主教材内容的补充，有助于学生对基本概念的理解和掌握。第9章包含11个典型实验，由6个模拟电路实验和5个数字电路实验构成，每个实验都给出了实验内容和实验电路的设计方法，不给出具体参数，不针对具体的实验板设计，通用性较强。每个实验需要3～4学时，可以满足实验学时在20～50学时的教学要求。

学生使用本书，可以省去抄题目和画图的时间，从而可以把更多的精力投入到题目的思考上，提高学习效率。交作业时，沿虚线撕下即可，建议每章交一次作业，内容较多的章节可以交两次作业。对于教师，本书可以减轻收发大量作业本的负担，提高批改作业的效率，从而可以把更多的精力投入到教学中。

本书向教师提供习题参考答案和实验参考结果，请登录华信教育资源网 http://www.hxedu.com.cn 注册下载。

本书由杭州电子科技大学信息工程学院查丽斌策划、组织和统稿，第1、2章由李自勤编写，第3、4、9章由查丽斌编写，第6、7章由辛青编写，第5、8章由孔庆鹏编写，刘建岚参与了第1章部分内容的编写。王宛苹、王勇佳、吕幼华、汪洁、胡体玲和李付鹏等老师都参与了本教材的编写、本书习题的解答及设计题目的模拟仿真工作，在结构和内容方面提出了很多重要的意见，张凤霞和钱文阳参与了本书的部分校对工作，钱梦楠与钱梦菲参与了本书部分文字和图的录入工作。在本书的编写过程中，我们得到了杭州电子科技大学信息工程学院的大力支持，许多兄弟院校的教师提出了诸多中肯的意见和建议，在此一并表示衷心的感谢！

由于作者水平有限且编写时间仓促，书中难免存在错误和不妥之处，诚恳地希望读者提出宝贵意见和建议，以便今后不断改进。

作　者
2015年1月

目 录

第1章 模拟集成运算放大器及其应用 ... 1
1.1 知识要点总结 ... 1
- 一、放大的基本概念及性能指标 ... 1
- 二、模拟集成运算放大器组成及特点 ... 1
- 三、理想集成运算放大电路 ... 1
- 四、基本运算电路 ... 2
- 五、电压比较器 ... 2

1.2 本章重点与难点 ... 2
1.3 重点分析方法与步骤 ... 2
- 一、运算电路的分析方法 ... 2
- 二、绘制电压比较器的电压传输特性的步骤和方法 ... 3

1.4 填空题和选择题 ... 4
1.5 习题1 ... 7

第2章 半导体二极管及直流稳压电源 ... 17
2.1 知识要点总结 ... 17
- 一、二极管的伏安特性 ... 17
- 二、二极管的常用简化电路模型 ... 17
- 三、直流稳压电源 ... 17

2.2 本章重点与难点 ... 18
2.3 重点分析方法与步骤 ... 18
- 一、二极管电路的简化分析法 ... 18
- 二、稳压管稳压电路的分析 ... 18
- 三、整流电路分析 ... 19

2.4 填空题和选择题 ... 19
2.5 习题2 ... 21

第3章 晶体三极管及其放大电路 ... 29
3.1 知识要点总结 ... 29
- 一、晶体三极管的基本知识 ... 29
- 二、晶体管放大电路的3种接法 ... 30

3.2 本章重点与难点 ... 30
3.3 重点分析方法与步骤 ... 30
- 一、三极管引脚及类型判别 ... 30
- 二、三极管的工作状态判别 ... 31
- 三、放大电路有无放大作用判别 ... 31
- 四、三极管放大电路分析方法 ... 31
- 五、放大电路的非线性失真 ... 33

3.4 填空题和选择题 ... 33
3.5 习题3 ... 37

第4章 场效应管放大电路与功率放大电路 ... 47
4.1 知识要点总结 ... 47
- 一、场效应管的基本知识 ... 47
- 二、场效应管伏安特性曲线 ... 47
- 三、放大模式下场效应管的模型 ... 48
- 四、功率放大电路 ... 48

4.2 本章重点与难点 ... 49
4.3 重点分析方法与步骤 ... 50

一、场效应管类型判别 ·············· 50
　　二、场效应管的工作状态判别 ········ 50
　　三、场效应管放大电路分析 ·········· 50
　　四、功放电路的计算 ················ 51
　　五、功放管的选择 ·················· 51
4.4　填空题和选择题 ···················· 51
4.5　习题 4 ···························· 53

第 5 章　电子电路中的反馈 ················ 61
5.1　知识要点总结 ······················ 61
　　一、反馈的基本概念 ················ 61
　　二、负反馈对放大电路性能的影响 ···· 62
　　三、正弦波产生电路 ················ 62
5.2　本章内容的重点及难点 ·············· 63
5.3　重点分析方法及步骤 ················ 63
5.4　填空题和选择题 ···················· 63
5.5　习题 5 ···························· 65

第 6 章　门电路与组合逻辑电路 ············ 71
6.1　知识要点总结 ······················ 71
　　一、逻辑代数的基本知识 ············ 71
　　二、逻辑函数及其表示方法 ·········· 71
　　三、门电路 ························ 71
　　四、逻辑函数的化简方法 ············ 72
　　五、常用的组合逻辑电路 ············ 72
6.2　本章重点与难点 ···················· 73
6.3　重点分析方法与步骤 ················ 73
　　一、组合逻辑电路的分析 ············ 73
　　二、组合逻辑电路的设计 ············ 74

6.4　填空题和选择题 ···················· 74
6.5　习题 6 ···························· 77

第 7 章　触发器与时序逻辑电路 ············ 91
7.1　知识要点总结 ······················ 91
　　一、触发器逻辑功能和动作特点 ······ 91
　　二、数据寄存器和移位寄存器的特点 ·· 91
　　三、计数器 ························ 91
　　四、555 定时器 ····················· 92
7.2　本章重点与难点 ···················· 92
7.3　重点分析方法与步骤 ················ 92
　　一、几种基本触发器的逻辑功能的转换 · 92
　　二、计数器的分析 ·················· 92
　　三、集成计数器构成任意进制的计数器 · 93
　　四、时序逻辑电路的分析方法 ········ 93
7.4　填空题和选择题 ···················· 93
7.5　习题 7 ···························· 95

第 8 章　模拟量与数字量的转换 ············ 109
8.1　知识要点总结 ······················ 109
　　一、D/A 转换 ······················ 109
　　二、A/D 转换 ······················ 109
8.2　本章重点与难点 ···················· 110
8.3　重点分析方法与步骤 ················ 110
　　一、D/A 转换器 ···················· 110
　　二、A/D 转换器 ···················· 110
8.4　填空题和选择题 ···················· 110
8.5　习题 8 ···························· 113

第9章 实验 117

9.1 集成运算放大器的线性应用 117
一、实验目的 117
二、实验仪器及元器件 117
三、实验原理 117
四、实验电路参数设计 120
五、实验内容 120
六、注意事项 122
七、预习要求 122
八、思考题 122

9.2 电平检测器的设计与调测 122
一、实验目的 122
二、实验仪器 122
三、实验原理 122
四、实验内容及步骤 123
五、预习要求 124
六、注意事项 124
七、思考题 124

9.3 二极管的判断及直流稳压电源电路 124
一、实验目的 124
二、实验仪器及元器件 124
三、实验原理 124
四、实验内容及步骤 126
五、预习要求 128
六、注意事项 128
七、思考题 129

9.4 三极管的判断及共发射极放大电路 129
一、实验目的 129
二、实验仪器及元器件 129
三、实验原理 129
四、实验内容及步骤 131
五、预习要求 133
六、注意事项 134
七、思考题 134

9.5 负反馈放大电路 134
一、实验目的 134
二、实验仪器及元器件 134
三、实验原理 134
四、电路参数设计 136
五、实验内容 136
六、预习要求 137
七、思考题 137

9.6 波形产生电路 138
一、实验目的 138
二、实验仪器 138
三、实验原理 138
四、实验内容及步骤 139
五、预习要求 140
六、思考题 141

9.7 TTL 与非门逻辑功能与电路参数测试 141
一、实验目的 141
二、实验仪器与器件 141
三、实验原理 141
四、实验内容 143
五、预习要求 144
六、思考题 144

9.8 组合逻辑电路的设计 145
一、实验目的 145
二、实验仪器与器件 145
三、实验原理 145
四、实验内容 145
五、实验所用芯片型号及引脚排列 146
六、预习要求 146
七、思考题 146

9.9 译码器 147
一、实验目的 147
二、实验仪器与器件 147
三、实验原理 147
四、实验内容 148
五、实验所用芯片引脚排列及逻辑符号 148
六、预习要求 149
七、思考题 149

9.10 触发器与计数器的应用 149
一、实验目的 149
二、实验仪器与器件 149
三、实验原理 149
四、实验内容 151
五、实验所用芯片引脚排列及逻辑符号 151
六、预习要求 152
七、思考题 152

9.11 555定时器及其应用 152
一、实验目的 152
二、实验仪器与器件 152
三、实验原理 152
四、实验内容 155
五、预习要求 155
六、思考题 155

参考文献 156

第1章　模拟集成运算放大器及其应用

1.1　知识要点总结

一、放大的基本概念及性能指标

1. 放大的基本概念

模拟电子电路是指包含电子管、晶体管、场效应管、运算放大器等有源器件，并完成一定功能的电路。放大是指在有源器件的控制下实现能量的转换。放大电路的功能是将微弱的电信号不失真地放大到所需的值。

2. 放大的模型和性能指标

放大电路可视为双口网络。根据输入/输出量的不同，可将放大电路分为电压放大、电流放大、互阻放大和互导放大4种电路形式。

放大电路的性能指标主要包括增益、输入电阻、输出电阻、通频带、非线性失真、功率和效率等。

二、模拟集成运算放大器组成及特点

1. 模拟集成运算放大器组成

模拟集成运算放大器是高性能的直接耦合集成电压放大电路，通常由输入级、中间级、输出级和偏置电路4部分电路组成。

2. 集成运算放大电路的电压传输特性

集成运算放大电路的电压传输特性是指输出电压与输入电压的关系曲线，即 $u_o = f(u_{id})$，如图1.1.1所示。

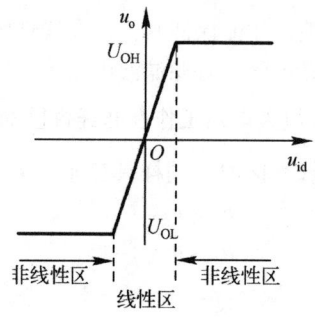

图1.1.1　集成运放的电压传输特性

三、理想集成运算放大电路

1. 理想集成运算放大电路的特点

所谓理想运放，就是将集成运放的性能指标理想化，即
（1）开环差模电压增益　　$A_{od} = \infty$
（2）开环差模输入电阻　　$r_{id} = \infty$
（3）开环输出电阻　　$r_o = 0$
（4）共模抑制比　　$K_{CMR} = \infty$
（5）转换速率　　$S_R = \infty$

一个理想运放可看成一个由差模电压 u_{id} 控制的受控电压源。

2. 理想集成运算放大电路工作在线性区的特点

当运放工作在线性区，即输出电压与输入电压呈线性关系时，具有两个主要特点。
（1）$u_+ = u_-$（"虚短"）
（2）$i_- = i_+ = \dfrac{u_{id}}{r_{id}} \approx 0$（"虚断"）

"虚短"和"虚断"是两个非常重要的概念，是分析工作在线性区的理想运放应用电路中输入与输出函数关系的基本关系式。集成运

放必须引入深度负反馈，才能保证其工作在线性区，工作在线性区的应用电路主要包括运算电路、有源滤波电路等。

3. 理想集成运算放大电路工作在非线性区的特点

当运放工作在非线性区时，同样具有如下两个主要特点。

(1) $u_o = \begin{cases} U_{OH} & u_+ > u_- \\ U_{OL} & u_+ < u_- \end{cases}$

(2) $i_- = i_+ = 0$

四、基本运算电路

由理想运放组成的基本运算电路如表 1.1.1 所示。

五、电压比较器

功能：比较两个电压的大小，并可将任意形状和幅值的波形整形为矩形波。

运放工作状态：通常为开环或正反馈状态，输出只有高、低两种电平，因此集成运放工作在非线性区。

比较器分类：

(1) 按进行比较的电压 u_i 与参考电压 U_{REF} 接入方式不同，分为串联型和并联型。串联型 u_i 与 U_{REF} 从运放的不同输入端输入，并联型 u_i 与 U_{REF} 从运放的同一输入端输入。

(2) 按 u_i 的输入端子不同，分为同相输入和反相输入。同相输入 u_i 接运放的同相端，反相输入 u_i 接运放的反相端。

(3) 按门限电压的不同，分为单门限电压比较器、迟滞电压比较器和窗口电压比较器等。单门限电压比较器灵敏度高，抗干扰能力差；迟滞电压比较器抗干扰能力强，但灵敏度较低。

1.2 本章重点与难点

(1) 放大的基本概念和放大电路的性能指标。
(2) 集成运放的组成和理想集成运放的特性。
(3) 利用虚短、虚断的概念分析由集成运放组成的各种运算电路。
(4) 各种电压比较器的特点，电压传输特性曲线的绘制。

1.3 重点分析方法与步骤

一、运算电路的分析方法

1. 利用"虚短"和"虚断"进行分析

(1) 根据电路结构判断运放是否工作在线性区，若除运放外还有其他的元器件连接输出端和反相输入端，则判断运放工作在线性区，可应用"虚短"和"虚断"。

(2) 利用 KCL 列写节点电流方程 $\sum i = 0$。注意，不要列写运放输出端的节点方程，因为输出电流未知。

(3) 将"虚断" $i_- = i_+ = 0$ 和"虚短" $u_+ = u_-$ 的关系式代入节点电流方程，求运算电压的运算关系式。

2. 利用叠加定理进行分析

由于许多运算电路都是在反相比例电路、同相比例电路或积分电路的基础上发展起来的，所以在分析方法上，除了可以采用"虚短"和"虚断"进行分析外，还可以采用叠加定理进行分析，具体分析步骤如下：

(1) 保留其中任一输入电压，令其他输入电压为零；

(2) 利用同相比例电路、反相比例电路或积分电路的基本关系式，求出任一输入电压作用时的输出电压；

(3) 根据电路的"叠加定理"，求出电路总的运算关系。

表 1.1.1 基本运算电路

电路名称	电路结构	基本运算关系
反相比例电路		$A_{uf} = \dfrac{u_o}{u_i} = -\dfrac{R_f}{R_1}$ $R_{if} = R_1$，$R_{of} = 0$
同相比例电路		$A_{uf} = \dfrac{u_o}{u_i} = 1 + \dfrac{R_f}{R_1}$ $R_{if} = \infty$，$R_{of} = 0$
反相加法电路		$u_o = -R_f \left(\dfrac{u_{i1}}{R_1} + \dfrac{u_{i2}}{R_2} + \dfrac{u_{i3}}{R_3} \right)$
同相加法电路		$u_o = \left(1 + \dfrac{R_f}{R_4}\right)$ $(K_1 u_{i1} + K_2 u_{i2} + K_3 u_{i3})$ 令 $R = R_1 // R_2 // R_3$，式中 $K_1 = R/R_1$ $K_2 = R/R_2$ $K_3 = R/R_3$

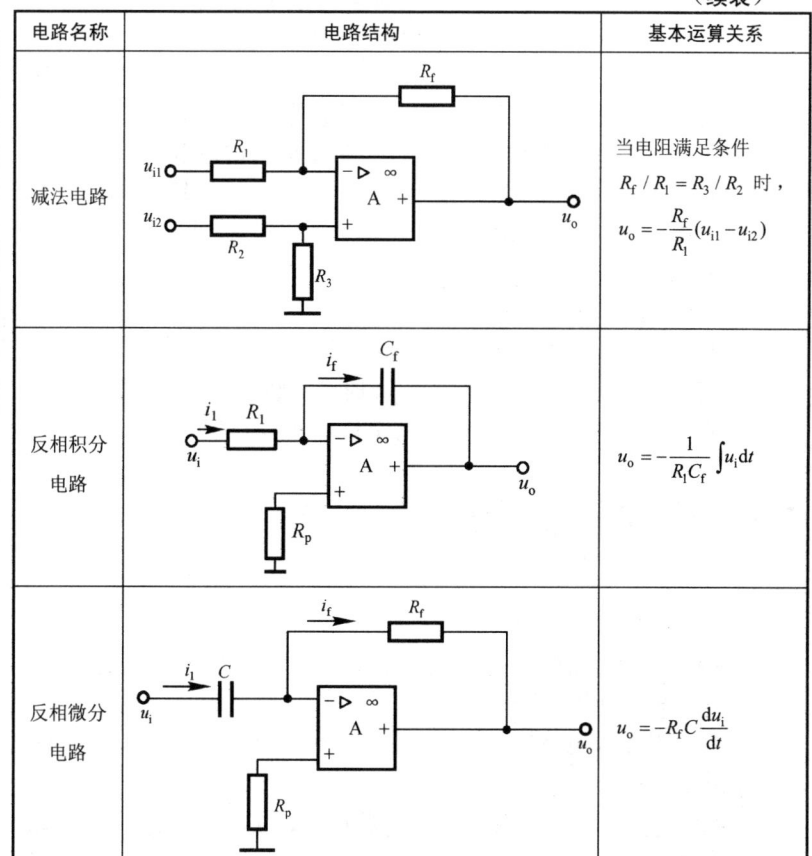

（续表）

电路名称	电路结构	基本运算关系
减法电路		当电阻满足条件 $R_f / R_1 = R_3 / R_2$ 时， $u_o = -\dfrac{R_f}{R_1}(u_{i1} - u_{i2})$
反相积分电路		$u_o = -\dfrac{1}{R_1 C_f} \int u_i \, dt$
反相微分电路		$u_o = -R_f C \dfrac{du_i}{dt}$

二、绘制电压比较器的电压传输特性的步骤和方法

绘制电压传输特性的 3 个要素是：门限电压 U_{TH}、高低电平 U_{OH}、U_{OL} 和状态的翻转方向。分析步骤如下。

（1）根据电路的结构判断电压比较器的类型。若电路是开环的，则是简单电压比较器。简单电压比较器只有一个门限电压。若存在正反馈，则是迟滞电压比较器，它有两个门限电压。

（2）求门限电压 U_{TH}。电压比较器不具有"虚短"的特性，但在电路的输出状态发生变化的瞬间，集成运放的同相端和反相端的电压相等，所以令 $u_+ = u_-$ 求出输入电压 u_i，该 u_i 即为门限电压 U_{TH}。

（3）确定输出电压的高低电平 U_{OH}、U_{OL}。若输出端无稳压二极管限幅，$u_o \approx \pm V_{CC}$；若输出端接有双向稳压二极管，则 $u_o \approx \pm U_Z$。

（4）确定输出状态发生变化时的方向：

① 同相输入的比较器，$u_o = U_{OH}$ 时，曲线水平部分往横轴的正方向延伸；$u_o = U_{OL}$ 时，曲线水平部分往横轴的负方向延伸。

② 反相输入的比较器，$u_o = U_{OH}$ 时，曲线水平部分往横轴的负方向延伸；$u_o = U_{OL}$ 时，曲线水平部分往横轴的正方向延伸。

1.4 填空题和选择题

一、填空题

1.4.1 放大电路有_____，_____，_____，_____4种电路形式。

1.4.2 某放大电路的上、下限截止频率分别为 20Hz 和 100kHz，则通频带 $f_{BW} \approx$ _____。

1.4.3 _____比例运算电路可实现 $A_u > 1$ 的放大，而_____比例运算电路可实现 $A_u < 0$ 的放大。

1.4.4 理想集成运放的 A_{od} = _____，差模输入电阻 r_{id} = _____，差模输出电阻 r_{od} = _____，共模抑制比 K_{CMR} = _____。

1.4.5 某集成运放的共模抑制比 K_{CMR} = 1000，则表示为分贝 $20\lg|K_{CMR}|$ = _____dB。

1.4.6 电压跟随器的输出电压 u_o _____输入电压 u_i，即电压增益 A_{uf} = _____。

1.4.7 一放大电路的中频增益为 60dB，则在截止频率处，实际的增益为_____dB。

1.4.8 _____比例运算电路中，运放的反相输入端为虚地，而_____比例运算电路中，运放的两个输入端对地电压基本上等于输入电压。

1.4.9 _____比例运算电路的特例是电压跟随器，它具有输入电阻大和输出电阻小的特点，常用做缓冲器。

1.4.10 流过_____求和电路反馈电阻的电流等于各输入电流的代数和。

1.4.11 简单电压比较器只有_____个门限电压，而迟滞比较器则有_____个门限电压值。

1.4.12 若希望在 $u_i < +3V$ 时，u_o 有高电平，而在 $u_i > +3V$ 时，u_o 有低电平，则可以采用_____输入的单门限电压比较器。

1.4.13 设集成运放的最高输出电压为 $\pm U_{om}$，则由它组成的运算电路的电压输出范围为_____，电压比较器的输出为_____。

二、选择正确的答案填空

1.4.14 与工作在电压比较器中的运放不同，运算电路中的运放通常工作在_____。

A. 开环　　　　B. 深度负反馈状态　　　C. 正反馈状态

1.4.15 一个大小合适的正弦信号通过一个积分电路，输出信号与输入信号相比_____。

A. 没有什么变化　　　　　　B. 变为方波

C. 有 180° 的移相　　　　　　D. 有 90° 的移相

1.4.16 当集成运放工作在线性放大状态时，可运用_____两个重要的概念。

A．开环和闭环 　　　　　　B．虚短和虚断
C．虚短和虚地 　　　　　　D．线性和非线性

1.4.17　某放大电路在负载开路时的输出电压为 4V，接入 12kΩ 的负载电阻后，输出电压降为 3V，则放大电路的输出电阻为_____。

A．10kΩ　　B．4kΩ　　C．3kΩ　　D．2kΩ

1.4.18　某放大电路负载开路时，输出电压为 4V，负载短路时，输出电流为 10mA，则该电路的输出电阻为_____。

A．200Ω　　B．300Ω　　C．400Ω　　D．500Ω

1.4.19　要实现 $u_o = -(u_{i1} + u_{i2})$ 的运算，应采用_____运算电路。

A．反相比例　　B．反相积分　　C．减法　　D．反相加法

1.4.20　集成运算放大器实质上是一种_____。

A．高增益的直接耦合电压放大器
B．高增益的阻容耦合电压放大器
C．高增益的直接耦合电流放大器
D．高增益的阻容耦合电流放大器

1.4.21　与迟滞电压比较器相比，单门限电压比较器_____。

A．灵敏度高，抗干扰能力差　　B．灵敏度低，抗干扰能力差
C．灵敏度高，抗干扰能力强　　D．灵敏度低，抗干扰能力强

1.4.22　与单门限电压比较器相比，迟滞电压比较器_____。

A．抗干扰能力差，灵敏度高　　B．抗干扰能力差，灵敏度低
C．抗干扰能力强，灵敏度高　　D．抗干扰能力强，灵敏度较低

1.4.23　与工作在运算电路中的运放不同，电压比较器中的运放通常工作在_____。

A．放大状态 　　　　　　B．深度负反馈状态
C．开环或正反馈状态 　　D．线性工作状态

1.5 习题 1

1.5.1 当负载开路（$R_L = \infty$）时，测得放大电路的输出电压 u'_o =2V，当输出端接入 $R_L = 5.1\text{k}\Omega$ 的负载时，输出电压下降为 u_o = 1.2V，求放大电路的输出电阻 R_o。

解：

1.5.2 当在放大电路的输入端接入电压 u_S =15mV，内阻 R_S =1kΩ 的信号源时，测得电路输入端的电压为 u_i =10mV，求放大电路的输入电阻 R_i。

解：

1.5.3 当在电压放大电路的输入端接入电压 u_S =15mV，内阻 R_S =1kΩ 的信号源时，测得电路输入端的电压为 u_i =10mV；放大电路输出端接 R_L =3kΩ 的负载，测得输出电压为 u_o =1.5V，试计算该放大电路的电压增益 A_u 和电流增益 A_i，并分别用 dB（分贝）表示。

解：

1.5.4 某放大电路的幅频响应特性曲线如图 1.5.1 所示，试求电路的中频增益 A_{um}、下限截止频率 f_L、上限截止频率 f_H 和通频带 f_{BW}。

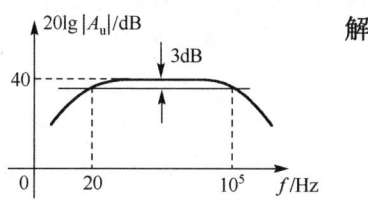

图 1.5.1 习题 1.5.4 电路图

解：

1.5.5 电路如图 1.5.2 所示，当输入电压为 0.4V 时，要求输出电压为 4V，试求解 R_1 和 R_2 的值。

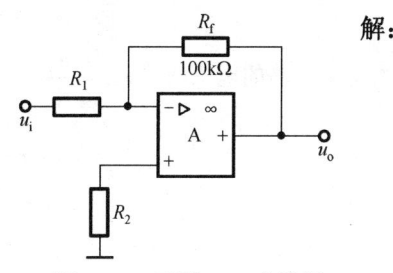

图 1.5.2 习题 1.5.5 电路图

解：

1.5.6 集成运算放大器工作在线性区和非线性区各有什么特点？

解：

1.5.7 电路如图 1.5.3 所示，集成运放输出电压的最大幅值为 ±14V，求输入电压 u_i 分别为 200mV 和 2V 时输出电压 u_o 的值。

解：

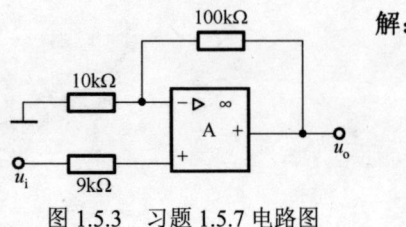

图 1.5.3 习题 1.5.7 电路图

1.5.8 电路如图 1.5.4 所示，试求每个电路的电压增益 $A_{uf} = \dfrac{u_o}{u_i}$、输入电阻 R_i 及输出电阻 R_o。

解：

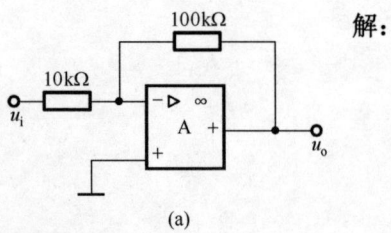

(a)

图 1.5.4 习题 1.5.8 电路图

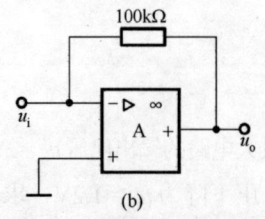

(b)

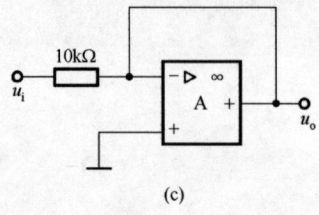

(c)

图 1.5.4 习题 1.5.8 电路图（续）

1.5.9 电路如图 1.5.5 所示，求输出电压 u_o 与各输入电压的运算关系式。

解：

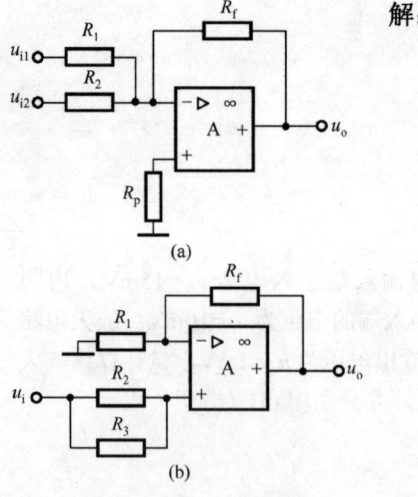

图 1.5.5 习题 1.5.9 电路图

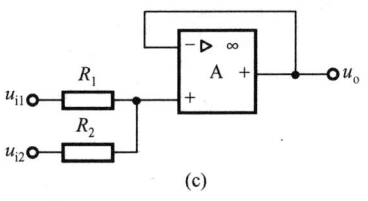

(c)

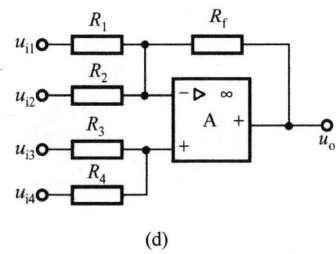

(d)

图 1.5.5 习题 1.5.9 电路图（续）

1.5.10 电路如图 1.5.6 所示，假设运放是理想的：（1）写出输出电压 u_o 的表达式，并求出 u_o 的值；（2）说明运放 A_1 和 A_2 各组成何种基本运算电路。

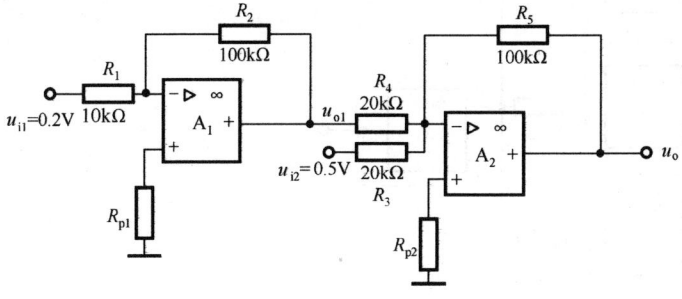

图 1.5.6 习题 1.5.10 电路图

解：

1.5.11 采用一片集成运放设计一个反相加法电路，要求关系式为 $u_o = -5(u_{i1} + 5u_{i2} + 3u_{i3})$，并且要求电路中最大的阻值不超过 100kΩ，试画出电路图，并计算各阻值。

解：

1.5.12 采用一片集成运放设计一个运算电路，要求关系式为 $u_o = -10(u_{i1} - u_{i2})$，并且要求电路中最大的阻值不超过 200kΩ，试画出电路图，计算各阻值。

解：

1.5.13 图 1.5.7 所示为带 T 形网络高输入电阻的反相比例运算电路。（1）试推导输出电压 u_o 的表达式；（2）若选 $R_1=51\text{k}\Omega$，$R_2=R_3=390\text{k}\Omega$，当 $u_o=-100u_i$ 时，计算电阻 R_4 的阻值；（3）直接用 R_2 代替 T 形网络，当 $R_1=51\text{k}\Omega$ 时，$u_o=-100u_i$，求 R_2 的值；（4）比较（2）、（3），说明该电路的特点。

解：

1.5.14 电路如图 1.5.8 所示，设所有运放都是理想的，试求：（1）u_{o1}、u_{o2}、u_{o3} 及 u_o 的表达式；（2）当 $R_1=R_2=R_3$ 时 u_o 的值。

解：

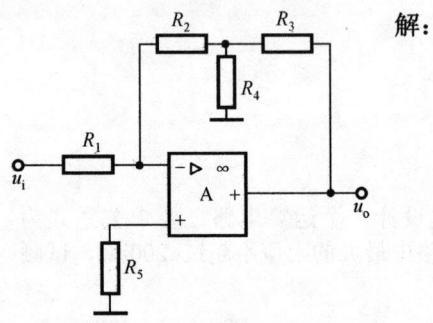

图 1.5.7 习题 1.5.13 电路图

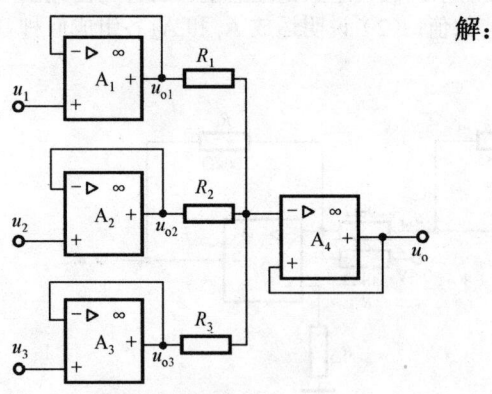

图 1.5.8 习题 1.5.14 电路图

1.5.15 电路如图 1.5.9 所示，运放均为理想的，试求输出电压 u_o 的表达式。

解：

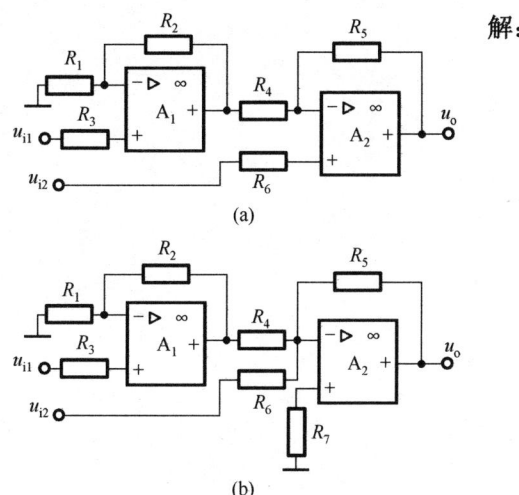

图 1.5.9 习题 1.5.15 电路图

1.5.16 积分电路如图 1.5.10 所示。设 $u_C(0)=0$，在 $t=0$ 时输入阶跃电压 $u_i=-1\text{V}$，若 $t=1\text{ms}$ 时，输出电压达到 10V，求所需的时间常数。

解：

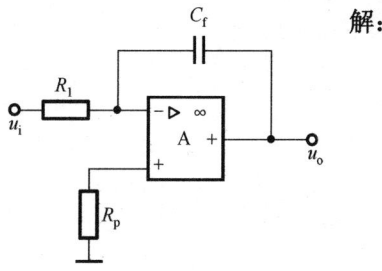

图 1.5.10 习题 1.5.16 电路图

1.5.17 电路如图 1.5.11(a)所示，已知运放的最大输出电压 $U_{om}=\pm12V$，输入电压波形如图 1.5.11(b)所示，周期为 0.1s。试画出输出电压的波形，并求出输入电压的最大幅值 U_{im}。

1.5.18 电路如图 1.5.12 所示，运放均为理想的：（1）A_1、A_2、和 A_3 各组成何种基本电路？（2）写出 u_o 的表达式。

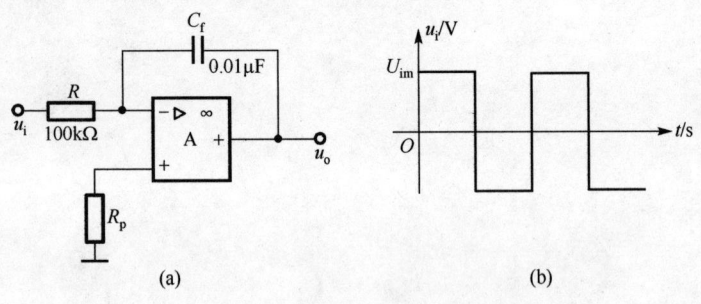

图 1.5.11 习题 1.5.17 电路图

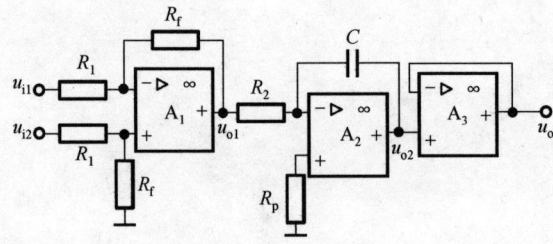

图 1.5.12 习题 1.5.18 电路图

解：

解：

1.5.19 在图1.5.13(a)所示的反相微分电路中，当输入信号 u_i 为对称的三角波时，其波形如图1.5.13(b)所示，试画出输出信号 u_o 的波形。

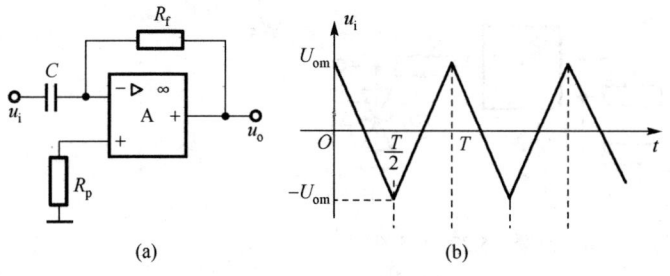

图 1.5.13 习题 1.5.19 电路图

解：

1.5.20 电路如图 1.5.14 所示，运放均为理想的，电容的初始电压为 $u_C(0)=0$。(1) 写出输出电压 u_o 与各输入电压之间的关系式；(2) 当 $R_1=R_2=R_3=R_4=R_5=R_6=R$ 时，写出输出电压 u_o 的表达式。

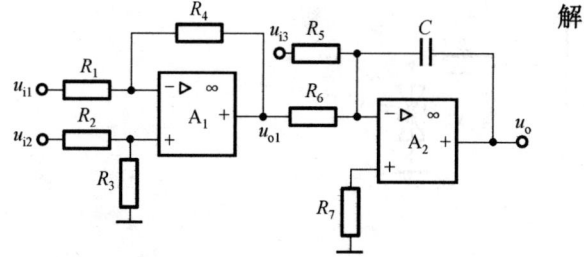

图 1.5.14 习题 1.5.20 电路图

解：

1.5.21 电路如图 1.5.15(a)所示，设运放为理想器件：（1）求出门限电压 U_{TH}，画出电压传输特性（$u_o \sim u_i$）；（2）输入电压的波形如图 1.5.15(b)所示，画出电压输出波形（$u_o \sim t$）。

解：

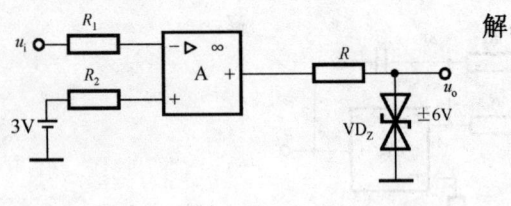

(a)

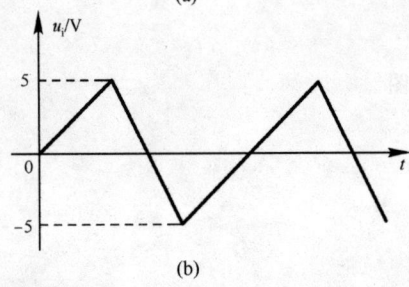

(b)

图 1.5.15 习题 1.5.21 电路图

1.5.22 电路如图 1.5.16 所示，运放为理想的，试求出电路的门限电压 U_{TH}，并画出电压传输特性曲线。

解：

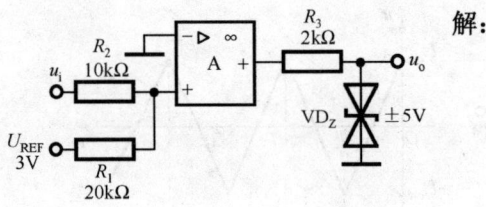

图 1.5.16 习题 1.5.22 电路图

1.5.23 电路如图 1.5.17 所示，已知运放最大输出电压 U_{om} = ±12V，试求出两电路的门限电压 U_{TH}，并画出电压传输特性曲线。

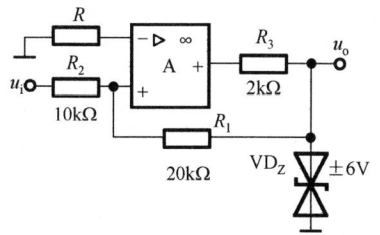

图 1.5.17 习题 1.5.23 电路图

1.5.24 电路如图 1.5.18(a)所示，运放为理想的：（1）试求电路的门限电压 U_{TH}，并画出电压传输特性曲线；（2）输入电压波形如图 1.5.18(b)所示，试画出输出电压 u_o 的波形。

解：

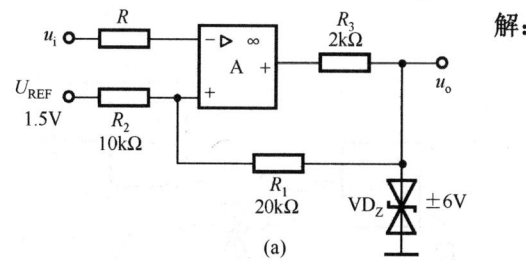

(a)

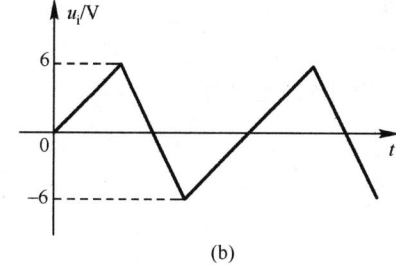

(b)

图 1.5.18 习题 1.5.24 电路图

1.5.25 电路如图 1.5.19 所示，已知运放为理想的，运放最大输出电压 $U_{om}=\pm 15V$：（1）A_1、A_2 和 A_3 各组成何种基本电路？（2）若 $u_i = 5\sin\omega t$ (V)，试画出与之对应的 u_{o1}、u_{o2} 和 u_o 的波形。

解：

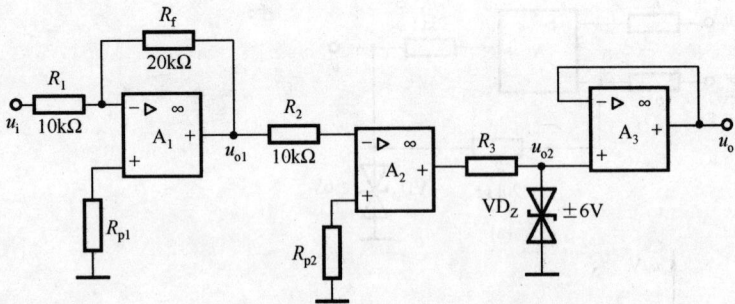

图 1.5.19 习题 1.5.25 电路图

第 2 章 半导体二极管及直流稳压电源

2.1 知识要点总结

一、二极管的伏安特性

二极管伏安特性曲线如图 2.1.1 所示。

（1）正向特性：当外加电压 $u > U_{th}$ 时，随 u 的增大，正向电流按指数规律迅速增大，正向电阻很小，二极管处于导通状态。对应于图 2.1.1 所示曲线的第①段为正向特性。

（2）反向特性：当外加电压 $u < 0$ 时，在一定范围内，反向电流很小且近似为常数，反向电阻很大，二极管处于截止状态。如图 2.1.1 所示，伏安特性曲线的第②段称为反向特性。

（3）击穿特性：当反向电压增大到 U_{BR} 时，反向电流急剧增加，二极管被反向击穿。发生击穿所需的电压 U_{BR} 称为反向击穿电压。对应于图 2.1.1 所示曲线的第③段。

U_{th} 为死区电压，室温下，硅管约为 0.5V，锗管约为 0.1V。

二、二极管的常用简化电路模型

（1）理想二极管模型：$u > 0$ 时，二极管导通，正向压降为 0，相当于短路；$u < 0$ 时，二极管截止，电阻为 ∞，反向电流为 0，相当于开路。

（2）恒压降模型：$u > U_{D(on)}$ 时，二极管导通，正向压降恒等于 $U_{D(on)}$；$u < U_{D(on)}$ 时，二极管截止，反向电流为 0，相当于开路。

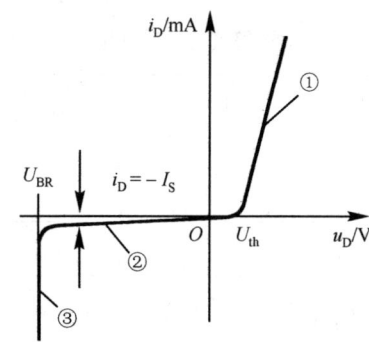

图 2.1.1 二极管伏安特性曲线

$U_{D(on)}$ 为导通电压，不同于死区电压，是指正向电流明显增大时所对应的电压值。工程上，一般硅管约为 0.7V，锗管约为 0.2V。

两种常用模型的等效电路如图 2.1.2 所示。晶体管的两种常用简化模型被用来计算二极管上加特定范围内电压或电流时的响应。

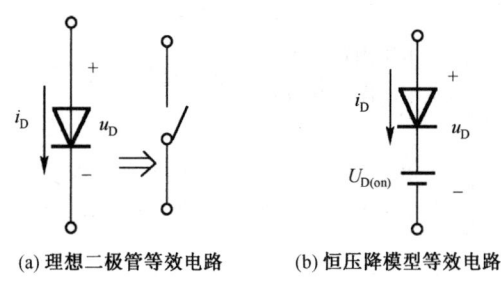

(a) 理想二极管等效电路　　(b) 恒压降模型等效电路

图 2.1.2 二极管两种常用模型的等效电路

三、直流稳压电源

（1）组成：变压器、整流电路、滤波电路和稳压电路。

（2）二极管整流电路性能指标比较如表 2.1.1 所示。

表 2.1.1 单相半波整流与桥式整流的比较（输入电压 u_i 的有效值为 U）

	输出电压的平均值 $U_{o(AV)}$	输出电流的平均值 $I_{o(AV)}$	通过二极管的平均电流 $I_{D(AV)}$	二极管承受的最高反向电压 $U_{D(RM)}$
半波整流	$0.45U$	$0.45\dfrac{U}{R_L}$	$I_{o(AV)}$	$\sqrt{2}U$
单相桥式整流	$0.9U$	$0.9\dfrac{U}{R_L}$	$\dfrac{1}{2}I_{o(AV)}$	$\sqrt{2}U$

（3）电容滤波：$U_{o(AV)} = (1.1 \sim 1.4)U$，一般工程上取 $U_{o(AV)} \approx 1.2U$。

（4）稳压管稳压

分析稳压管的工作状态：

稳压管极性 $\begin{cases} \text{正偏} \to \text{导通} \to U_O = U_{D(on)} \\ \text{反偏} \begin{cases} \text{偏压} < \text{稳压值} \to \text{反向截止} \\ \text{偏压} > \text{稳压值} \to \text{反向击穿} \to I_Z < I_{DZ} < I_{ZM} \to \text{稳压状态} \end{cases} \end{cases}$

（5）三端集成稳压器

$\begin{cases} \text{固定式} \begin{cases} \text{输入端} \\ \text{输出端} \\ \text{公共端} \end{cases} \begin{cases} \text{正电压固定78系列} \\ \text{负电压固定79系列} \end{cases} \to \text{可通过外接电路使输出电压可调} \\ \text{可调式} \begin{cases} \text{输入端} \\ \text{输出端} \\ \text{调整端} \end{cases} \begin{cases} \text{正电压可调117系列} \\ \text{负电压可调137系列} \end{cases} \begin{cases} \text{基准电压为1.25V} \\ \text{依靠外接电阻调节输出电压} \end{cases} \end{cases}$

2.2 本章重点与难点

（1）二极管的单向导电性、伏安特性。
（2）二极管的简化电路模型。
（3）二极管电路的简化分析法，用简化分析法分析各种功能电路。
（4）整流电路的工作原理及元器件参数的选择。
（5）稳压电路的工作原理及计算。
（6）集成稳压器的应用。

2.3 重点分析方法与步骤

一、二极管电路的简化分析法

简化分析法是将电路中的二极管用简化电路模型代替，利用得到的简化电路直接分析、求解。一般，在利用二极管单向导电性的电路中常用这种方法分析直流电压、电流，也常根据输入信号波形画出输出波形。

分析步骤如下：

（1）判断二极管是导通还是截止。方法是，首先假设二极管断开，求解二极管阳极与阴极之间将承受的电压。若该电压大于导通电压（对理想二极管只要大于0），则接上二极管后，该管导通；反之，二极管截止。

如果电路中出现两个以上二极管承受大小不相等的正向电压时，则应判定承受正向电压较大者优先导通，将优先导通的二极管接入电路中，重新分析其他二极管的工作状态。

（2）画出等效电路，利用上述分析结果，将截止的二极管开路，导通的二极管用简化模型的等效电路代替，具体选用哪种模型，应根据电路中电源电压的大小及要求精度来选择。

（3）利用等效电路求解待求量或画出输出波形。

二、稳压管稳压电路的分析

稳压管稳压电路的分析方法与二极管电路的分析方法相同，但稳压管必须被反向击穿，击穿的条件是在稳压管断开时，求得的阴极与阳极之间的电压应大于其稳定电压。

对于集成稳压电路的分析，主要需搞清楚稳压器型号与输出电压的关系。

三、整流电路分析

整流电路中由于电源电压一般较高，所以一般选用理想二极管模型或恒压降模型来分析，画出输出波形，求输出电压、电流平均值并选择二极管。

2.4 填空题和选择题

一、填空题

2.4.1 硅材料二极管的死区电压为_____，锗材料二极管的死区电压为_____。

2.4.2 二极管伏安特性测试电路中串联调压电阻的目的一个是调压，另一个是_____以防烧坏二极管。

2.4.3 二极管的单向导电性为：外加正向电压时_____，外加反向电压时_____。

2.4.4 给半导体 PN 结加正向电压时，电源的正极应接半导体的_____区，电源的负极通过电阻接半导体的_____区。

2.4.5 在外加直流电压时，理想二极管正向导通电阻为_____，反向截止电阻为_____。

2.4.6 锗二极管导通时的正向压降约为_____V，硅二极管导通时的正向压降约为_____V。

2.4.7 在同一测试电路中，分别测得 A、B 和 C 这 3 个二极管的电流如表 2.4.1 所示，性能最好的二极管是_____。

表 2.4.1 题 2.4.7 表

管 号	加 0.5V 正向电压时的电流	加反向电压时的电流
A	0.5mA	1μA
B	5mA	0.1μA
C	2mA	5μA

2.4.8 直流稳压电源主要由电源变压器、_____、_____和稳压电路等 4 部分组成。

2.4.9 不加滤波器的由理想二极管组成的单相桥式整流电路的输出电压平均值为 9V，则输入正弦电压有效值应为_____。

2.4.10 图 2.4.1 所示电路是一个用三端集成稳压器组成的直流稳压电路，电路中 C_1 的作用是_____，C_2 的作用是_____，电路在正常工作时的输出电压值 U_o 为_____。

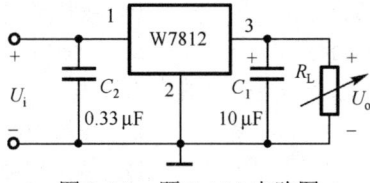

图 2.4.1 题 2.4.10 电路图

二、选择正确的答案填空

2.4.11 一个二极管通过电阻接 5V 的直流电压源，测得流过二极管的电流为 1mA，如果电源电压提高到 10V，则流过二极管的电流将_____。

A. 等于 2mA　　　　B. 小于 2mA
C. 大于 2mA　　　　D. 不变

2.4.12 若测得某稳压管工作时的反向电流小于稳压管最小导通电流，则该稳压管处于_____。

A. 正向导通区　　　B. 反向截止区
C. 反向击穿区　　　D. 放大区

2.4.13 稳压管工作在稳压区时，其工作状态为_____。
A．正向导通　　　B．反向截止　　　C．反向击穿

2.4.14 电路如图2.4.2所示，VD_1和VD_2两个二极管为理想元件，A节点电位为_____。
A．4V　　　B．–1V　　　C．0V　　　D．3V

图2.4.2　题2.4.14电路图

2.4.15 二极管整流电路利用了半导体二极管的_____。
A．电流放大特性　　　B．电压放大特性
C．单向导电的特性　　D．反向击穿的特性

2.4.16 将交流电变为直流电的电路称为_____。
A．稳压电路　　　B．滤波电路
C．整流电路　　　D．放大电路

2.4.17 在图2.4.3所示电路中：
（1）桥式整流电路中输出电流的平均值I_o是_____。
A．$0.45\dfrac{U}{R_L}$　B．$0.9\dfrac{U}{R_L}$　C．$0.9\dfrac{U_o}{R_L}$　D．$0.45\dfrac{U_o}{R_L}$

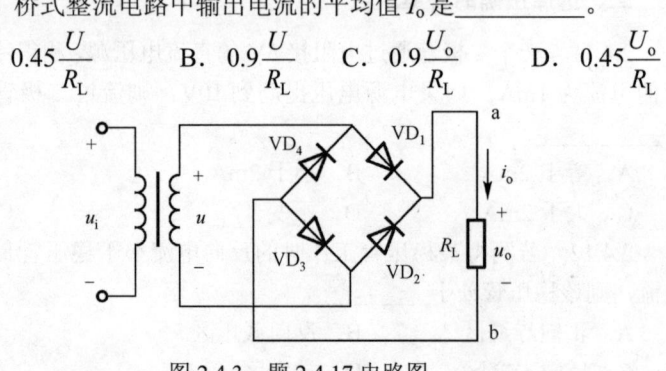

图2.4.3　题2.4.17电路图

（2）流过每个整流管的电流为_____。
A．$I_o/4$　　　B．$I_o/2$　　　C．$4I_o$　　　D．I_o

（3）每个二极管的最大反向电压$U_{D(RM)}$为_____。
A．$\dfrac{\sqrt{2}}{2}U$　B．$\sqrt{2}U$　C．$2\sqrt{2}U$　D．$4\sqrt{2}U$

（4）若VD_1的正、负极性接反，则u_o的波形_____；若VD_1开路，则输出_____。
A．只有半周波形　　　　　　B．全波整流波形
C．无波形且变压器或整流管损坏　　D．仍可正常工作

（5）在桥式整流电路中接入电容C滤波后，输出的直流电压较没有接入C时_____；二极管的导通角_____。
A．变大　　　B．变小　　　C．不变

2.4.18 在图2.4.4所示稳压电路中，已知$U_i=10V$，$U_o=5V$，$I_Z=10mA$，$R_L=500\Omega$，则限流电阻R应为_____。
A．250Ω　　　B．500Ω　　　C．1000Ω

2.4.19 在图2.4.5所示稳压电路中，已知$U_Z=6V$，则U_o为_____。
A．6V　　　B．15V　　　C．21V

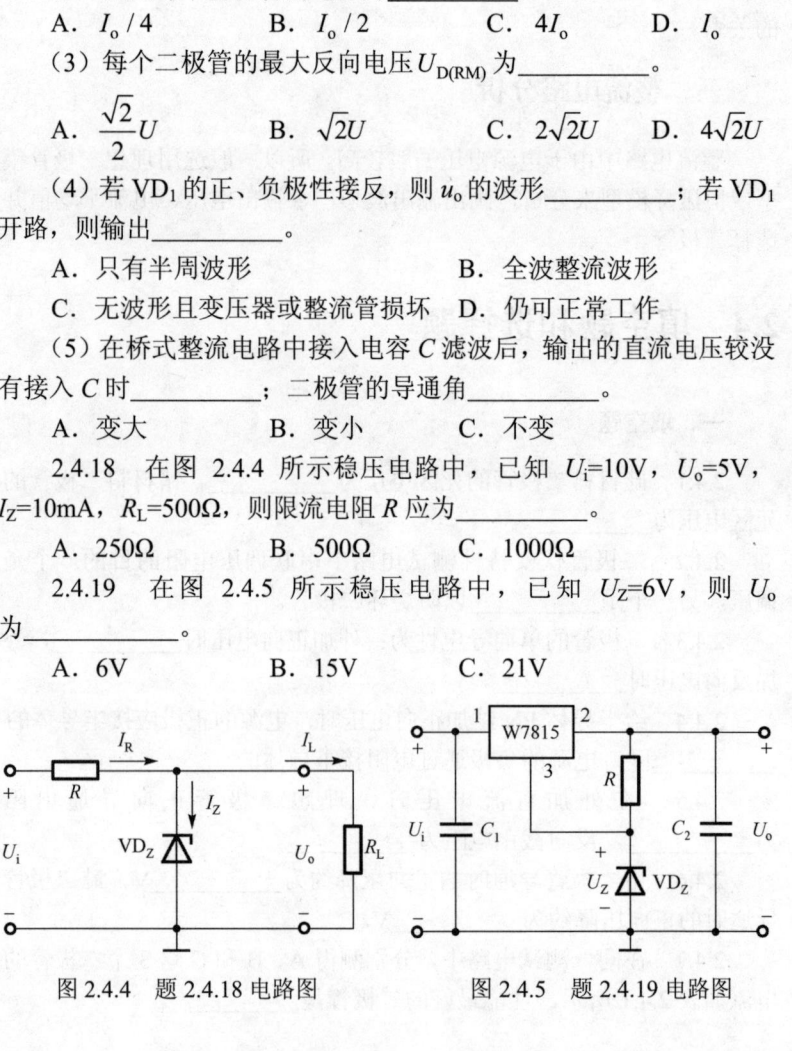

图2.4.4　题2.4.18电路图　　　图2.4.5　题2.4.19电路图

2.5 习题 2

2.5.1 电路如图 2.5.1 所示，$R = 1\text{k}\Omega$，测得 $U_D = 5\text{V}$，二极管 VD 是否良好（设外电路无虚焊）？

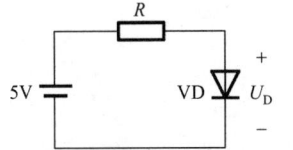

解：

图 2.5.1 习题 2.5.1 电路图

2.5.2 电路如图 2.5.2 所示，二极管导通电压 $U_{D(on)}$ 约为 0.7V，试分别估算开关断开和闭合时输出电压 U_o 的数值。

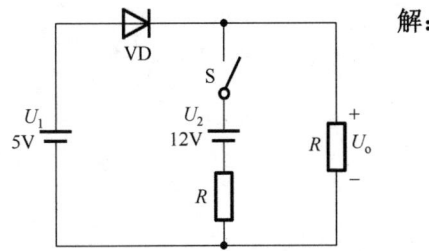

解：

图 2.5.2 习题 2.5.2 电路图

2.5.3 分析判断图 2.5.3 所示各电路中二极管是导通还是截止，并计算电压 U_{ab}，设图中的二极管都是理想的。

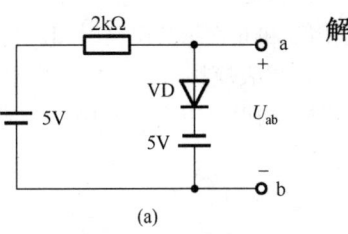

解：

(a)

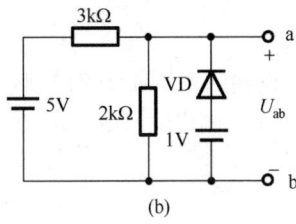

解：

(b)

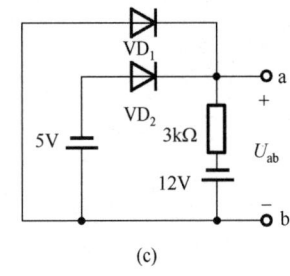

(c)

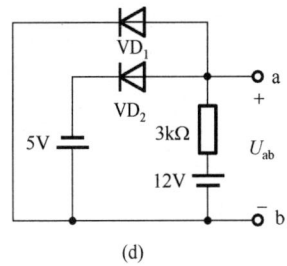

(d)

图 2.5.3 习题 2.5.3 电路图

2.5.4 一个无标记的二极管，分别用 a 和 b 表示其两只引脚，利用模拟万用表测量其电阻。当红表笔接 a，黑表笔接 b 时，测得电阻值为 500Ω。当红表笔接 b，黑表笔接 a 时，测得电阻值为 100kΩ。问哪一端是二极管阳极?

解：

2.5.5 二极管电路如图 2.5.4(a)所示，设输入电压 $u_i(t)$ 的波形如图 2.5.4(b)所示，在 $0 < t < 5\text{ms}$ 的时间间隔内，试画出输出电压 $u_o(t)$ 的波形，设二极管是理想的。

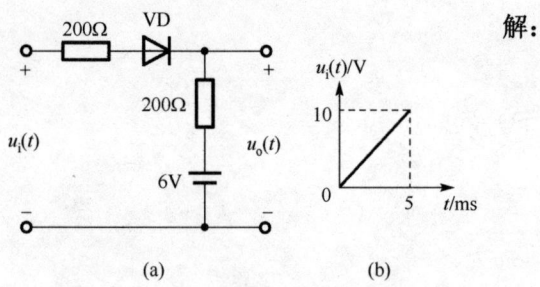

图 2.5.4 习题 2.5.5 电路图

2.5.6 在图 2.5.5 所示的电路中，设二极管为理想的，已知 $u_i = 30\sin\omega t(\text{V})$，试分别画出输出电压 u_o 的波形，并标出幅值。

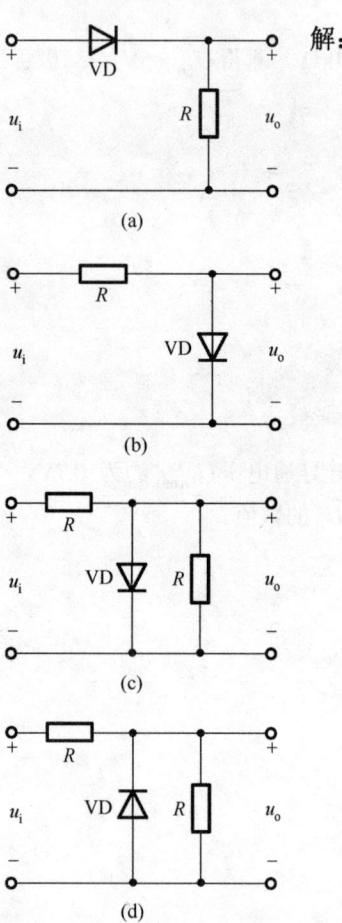

图 2.5.5 习题 2.5.6 电路图

2.5.7 在图 2.5.6 所示电路中，设二极管是理想的，输入电压 $u_i = 10\sin\omega t(\text{V})$，试画出输出电压 u_o 的波形，并标出幅值。

解：

2.5.8 在图 2.5.7 所示电路中，设二极管是理想的，$u_i = 6\sin\omega t(\text{V})$，试画出输出电压 u_o 的波形及电压传输特性曲线。

解：

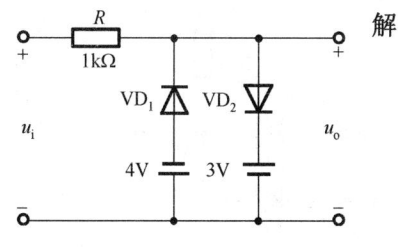

图 2.5.7 习题 2.5.8 电路图

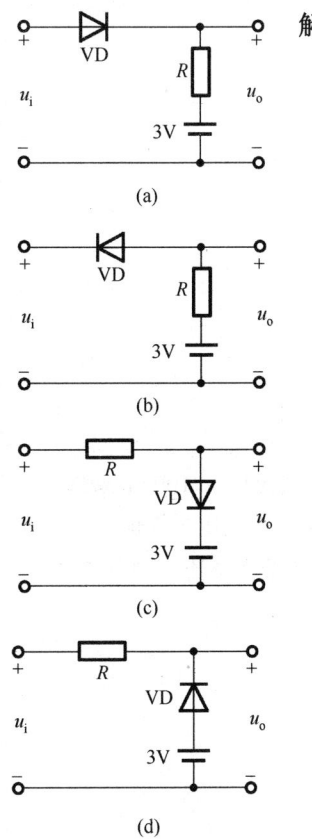

图 2.5.6 习题 2.5.7 电路图

2.5.9 在图 2.5.8 所示电路中，设二极管是理想的，求图中标记的电压和电流值。

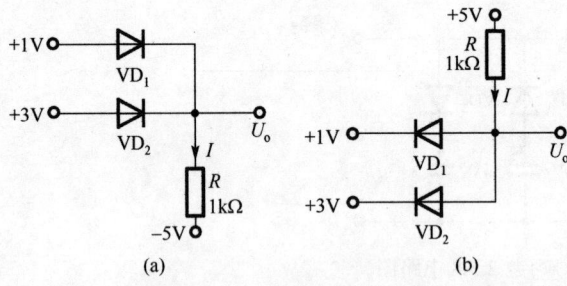

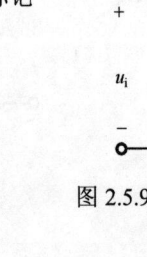

图 2.5.8 习题 2.5.9 电路图

解：

2.5.10 在图 2.5.9 所示的电路中，已知输出电压平均值 $U_{o(AV)} = 9V$，负载 $R_L = 100\Omega$。（1）输入电压的有效值为多少？（2）设电网电压波动范围为 ±10%。选择二极管时，其最大整流平均电流 I_F 和最高反向工作电压 U_R 的下限值约为多少？

图 2.5.9 习题 2.5.10 电路图

解：

2.5.11 在图 2.5.10 所示的电路中，电源 $u_i = 100\sin\omega t(V)$，$R_L = 1k\Omega$，二极管是理想的。求：（1）R_L 两端的电压平均值；（2）流过 R_L 的电流平均值；（3）选择二极管时，其最大整流平均电流 I_F 和最高反向工作电压 U_R 为多少？

解：

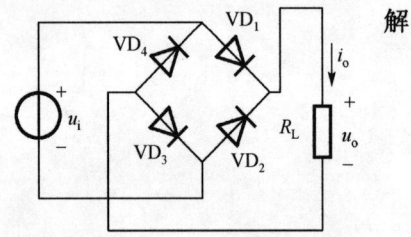

图 2.5.10 习题 2.5.11 电路图

2.5.12 在桥式整流电容滤波电路中，已知 $R_L = 120\Omega$，$U_{o(AV)} = 30\text{V}$，交流电源频率 $f = 50\text{Hz}$。选择整流二极管，并确定滤波电容的容量和耐压值。

解：

2.5.14 图 2.5.12 所示各电路的稳压管 VD_{Z1} 和 VD_{Z2} 的稳定电压值分别为 8V 和 12V，稳压管正向导通电压 $U_{DZ} = 0.7\text{V}$，最小稳定电流是 5mA。试判断 VD_{Z1} 和 VD_{Z2} 的工作状态，并求各电路的输出电压 U_{ab}。

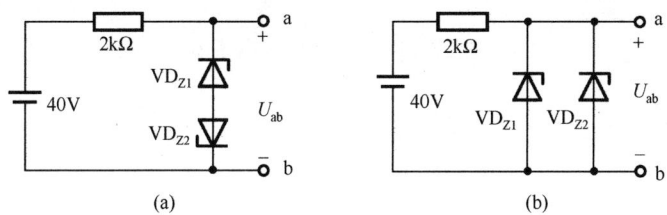

图 2.5.12 习题 2.5.14 电路图

2.5.13 已知稳压管的稳压值 $U_Z = 6\text{V}$，稳定电流的最小值 $I_{Zmin} = 4\text{mA}$。求图 2.5.11 所示电路中的 U_{o1} 和 U_{o2}。

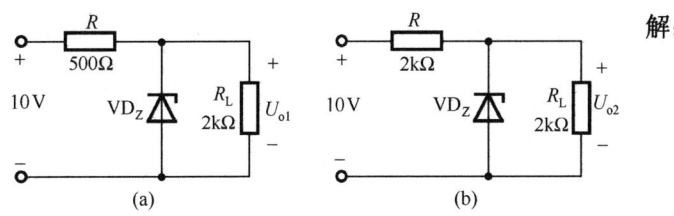

图 2.5.11 习题 2.5.13 电路图

解：

2.5.15 已知稳压管稳压电路如图 2.5.13 所示，稳压二极管的特性为：稳压电压 $U_Z = 6.8\text{V}$，$I_{Z\max} = 10\text{mA}$，$I_{Z\min} = 0.2\text{mA}$，直流输入电压 $U_i = 10\text{V}$，其不稳定量 $\Delta U_i = \pm 1\text{V}$，$I_L = 0 \sim 4\text{mA}$。试求：

（1）直流输出电压 U_o；
（2）为保证稳压管安全工作，限流电阻 R 的最小值；
（3）为保证稳压管稳定工作，限流电阻 R 的最大值。

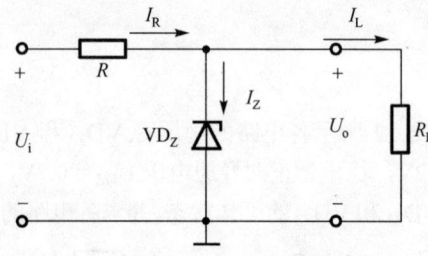

图 2.5.13 习题 2.5.15 电路图

解：

2.5.16 在以下几种情况中，可选用什么型号的三端集成稳压器？
（1）$U_o = +12\text{V}$，R_L 的最小值为 15Ω；
（2）$U_o = +6\text{V}$，最大负载电流 $I_{L\max} = 300\text{mA}$；
（3）$U_o = -15\text{V}$，输出电流 I_o 范围为 $10 \sim 80\text{mA}$。

解：

2.5.17 电路如图 2.5.14 所示，三端集成稳压器静态电流 $I_W = 6\text{mA}$，R_W 为电位器，为了得到 10V 的输出电压，试问应将 R'_W 调到多大？

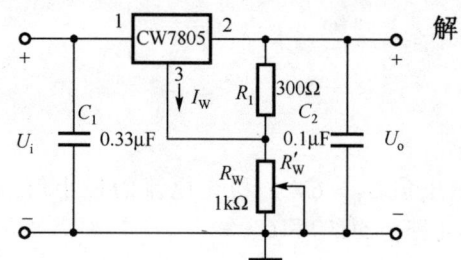

解：

图 2.5.14 习题 2.5.17 电路图

2.5.18 电路如图 2.5.15 所示：(1) 求电路负载电流 I_o 的表达式；(2) 设输入电压为 $U_i = 24\text{V}$，W7805 输入端和输出端间的电压最小值为 3V，$I_o \gg I_W$，$R = 50\Omega$。求出电路负载电阻 R_L 的最大值。

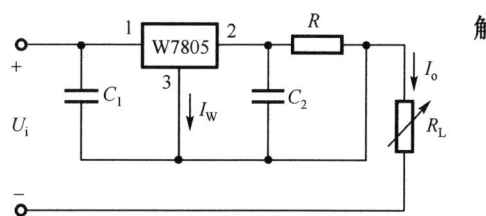

图 2.5.15 习题 2.5.18 电路图

2.5.19 已知三端可调式集成稳压器 LM117 的基准电压 $U_{REF} = 1.25\text{V}$，调整端电流 $I_W = 50\mu\text{A}$，由它组成的稳压电路如图 2.5.16 所示。(1) 若 $I_1 = 100I_W$，忽略 I_W 对 U_o 的影响，要得到 5V 的输出电压，则 R_1 和 R_2 应选取多大？(2) 若 R_2 改为 $0 \sim 2.5\text{k}\Omega$ 的可变电阻，求输出电压 U_o 的可调范围。

解：

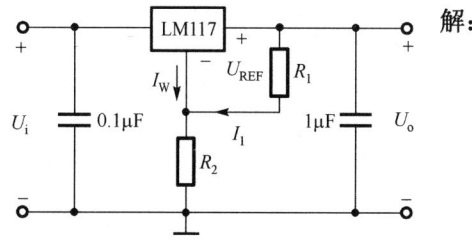

图 2.5.16 习题 2.5.19 电路图

解：

2.5.20 可调恒流源电路如图 2.5.17 所示。(1) 当 $U_{21}=U_{REF}=1.2V$，R 值在 0.8～120Ω 范围变化时，恒流电流 I_o 的变化范围如何？(2) 将 R_L 用充电电池代替，若 50mA 恒流充电，充电电压 $U_o=1.5V$，求电阻 R_L。

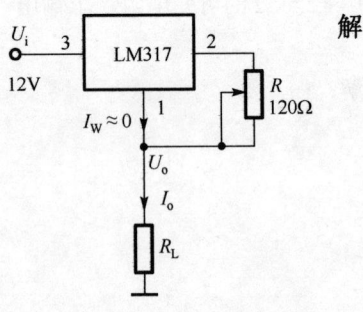

图 2.5.17 习题 2.5.20 电路图

解：

第3章 晶体三极管及其放大电路

3.1 知识要点总结

一、晶体三极管的基本知识

1. 结构和类型

晶体三极管由3个电极、两个PN结（即发射结和集电结）结合在一起构成。按结构，可分为NPN型和PNP型。

2. 三极管的放大作用

（1）放大的外部条件：发射结正偏，集电结反偏。

因此，其3个电极的电位关系为：$\begin{cases} \text{NPN：} V_C > V_B > V_E \\ \text{PNP：} V_E > V_B > V_C \end{cases}$

（2）放大时的电流分配关系：

$$i_E = i_B + i_C \quad \text{(KCL)}$$
$$i_C = \beta \cdot i_B, \quad \beta \gg 1$$

此关系表明了三极管的 i_B 对 i_C 的控制作用和三极管的放大作用。

3. 三极管的共射特性曲线及极限参数

NPN型三极管的共射特性曲线和极限参数如图3.1.1所示。

（1）输入特性曲线 $\quad i_B = f(u_{BE})|_{u_{CE}=\text{常数}}$

由图3.1.1(a)可见，三极管输入特性存在开启电压 U_{th}，当 $u_{BE} > U_{th}$ 时，才有 i_B 电流产生；当发射结正向导通时，其导通压降 u_{BE} 近似等于一个常数 $U_{BE(on)}$。对于NPN的硅三极管，$U_{BE(on)}$ 为0.7V左右；对于PNP的锗三极管，$U_{BE(on)}$ 为 $-0.2 \sim -0.3\text{V}$。

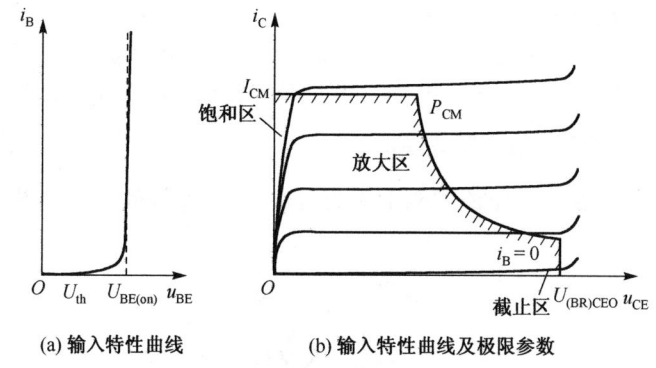

(a) 输入特性曲线　　(b) 输入特性曲线及极限参数

图3.1.1　三极管特性曲线及极限参数

（2）输出特性曲线 $\quad i_C = f(u_{CE})|_{i_B=\text{常数}}$

由图3.1.1(b)可见，三极管的输出特性曲线分为3个区。

① 放大区：特性曲线近似平坦的区域。

工作条件：发射结正偏，集电结反偏，即 $U_{BE} \geq 0.7\text{V}$，$U_{CE} > 0.3\text{V}$（硅管）。

放大区特点：三极管的 i_C 几乎不随 u_{CE} 的变化而变化，仅受控于 i_B，三极管是一个电流（i_B）控制电流（i_C）的器件。

② 饱和区：特性曲线起始上升部分。

工作条件：发射结和集电结均正偏，即 $U_{BE} \geq 0.7\text{V}$，$U_{CE} < 0.3\text{V}$（硅管）。

饱和区特点：i_C 不受 i_B 控制，只随 u_{CE} 的增大而增大。

③ 截止区：近似为 $i_B \leq 0$ 的曲线与横轴间的区域。

工作条件：发射结和集电结均反偏，即 $U_{BE} \leq 0.5V$，$U_{CE} \geq 0.3V$（硅管）。

截止区特点：$i_B \approx 0$，$i_C \approx 0$，相当于三极管的 3 个电极断开。

3 个区分别对应三极管的放大、饱和、截止 3 种工作状态。

（3）极限参数

极限参数主要包括 3 个：集电极最大容许电流 I_{CM}、集电极最大容许耗散功率 P_{CM} 和集电极-发射极间反向击穿电压 $U_{(BR)CEO}$。

4．三极管的微变等效模型

三极管是一个电流控制电流的器件，其微变等效模型如图 3.1.2 所示。

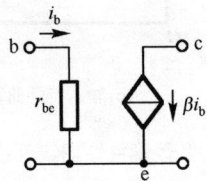

图 3.1.2　三极管的微变等效模型

图中，$r_{be} = r_{bb'} + (1+\beta)\dfrac{26(mV)}{I_{EQ}(mA)}$，$r_{bb'}$ 常取为 300Ω。

三极管的微变等效模型简言之就是：b 与 e 之间为电阻 r_{be}，c 与 e 之间为电流源 $\beta \dot{i}_b$，b 与 c 之间为开路。该模型只能用来分析叠加在 Q 点上各交流量之间的相互关系，不能分析直流分量。

二、晶体管放大电路的 3 种接法

晶体三极管组成放大电路时，3 个极分别作为输入与输出回路的公共端，构成共发射极、共集电极和共基极放大电路。这 3 种放大电路的动态性能比较如表 3.1.1 所示。

表 3.1.1　基本放大电路 3 种组态动态性能比较

	共发射极	共集电极	共基极
放大能力	既能放大电流又能放大电压 $\dot{A}_u < 0$，输出电压与输入电压反相，通常其放大倍数较大	能够放大电流不能放大电压 $\dot{A}_u \approx 1$，输出电压与输入电压同相等大，形成射极电压跟随器	不能放大电流能够放大电压 $\dot{A}_u > 0$，输出电压与输入电压同相，通常其放大倍数较大
输入电阻（R_i）	较大	很大	较小
输出电阻（R_o）	较大	很小	较大
用途	多级放大电路的中间级	隔离缓冲级	高频或宽频带电路

3.2　本章重点与难点

（1）三极管放大状态下的电流分配关系式。

（2）三极管放大、饱和、截止 3 种模式的工作条件和性能特点。

（3）利用估算法求解静态工作点，判断三极管的工作状态。

（4）有关非线性失真的概念及 U_{omax} 的计算。

（5）利用微变等效电路分析放大电路的动态性能指标（$\dot{A}_u$、R_i、R_o），熟悉 3 种放大电路的性能特点。

3.3　重点分析方法与步骤

一、三极管引脚及类型判别

三极管引脚判别和类型判别主要是考查对处于放大状态下三极管 3 个电极的电流分配关系和电压大小关系的掌握程度。

1．通过三极管的电极电流判别三极管引脚和类型

通常，此类题目是给出放大状态下三极管两个电极的电流，要确定另一个电极的电流和 3 个引脚名称。

（1）将三极管看成是广义节点，通过 KCL 确定第 3 个电极的电流。

（2）依据 $|i_E|>|i_C|>|i_B|$，判别出 3 个引脚的名称：电流最小的为基极 b，次之为集电极 c，最大的为发射极 e。

（3）依据射极电流方向判别三极管的类型：i_E 流出则为 NPN 型，流入则为 PNP 型。

2. 通过三极管 3 个引脚对地电位判别三极管的引脚和类型

通常，此类题目是给出放大状态下三极管 3 个引脚的对地电位，要确定三极管的类型和 3 个引脚的名称。

（1）由前面放大的外部条件可以知道，三极管正常放大时其基极电位始终位于中间，所以 3 个电位按大小排序后，位于中间的那个引脚就是基极。

（2）由前面的特性曲线可知，三极管放大时，$U_{BE} \approx U_{BE(on)}$（±0.7V 或 ±0.2~0.3V），所以与基极相差约 $U_{BE(on)}$ 压差的那个引脚就是发射极，当然，剩下那个引脚就是集电极。$|U_{BE}|$ 若为 0.7V 左右，则为硅管；若为 0.2~0.3V，则为锗管。

（3）若 $U_{BE}>0$，则为 NPN 型；若 $U_{BE}<0$，则为 PNP 型。

二、三极管的工作状态判别

三极管工作状态判别主要是考查对三极管特性曲线和静态分析的掌握程度。

1. 根据三极管的 3 个引脚的对地电位判别三极管的工作状态

对于此类题目，首先由题目已知条件判别出三极管的材料，然后对于硅管取 $|U_{BE(on)}| = 0.7V$（NPN 管取 0.7V，PNP 管取 –0.7V），锗管取 $|U_{BE(on)}| = 0.2~0.3V$（与硅管类似），其判别流程如图 3.3.1 所示。

2. 根据放大电路的直流通路判别三极管的状态

此类题目通常会涉及静态工作点求解，其判别步骤如下：

（1）判断发射结是否导通，如果截止，则为截止区，判断结束；如果导通，则求解出 I_{BQ} 的值。

（2）假设三极管处于放大状态，用 $I_{CQ} = \beta I_{BQ}$ 求出 I_{CQ} 的值，进而求解出 U_{CEQ} 的值。

（3）若 $U_{CEQ}>U_{CES}$（U_{CES} 为饱和压降，硅管约为 0.3V，锗管约为 0.1V），则为放大状态，假设成立；若 $U_{CEQ}<U_{CES}$，则为饱和状态；若 $U_{CEQ} = U_{CES}$，则为临界饱和状态。

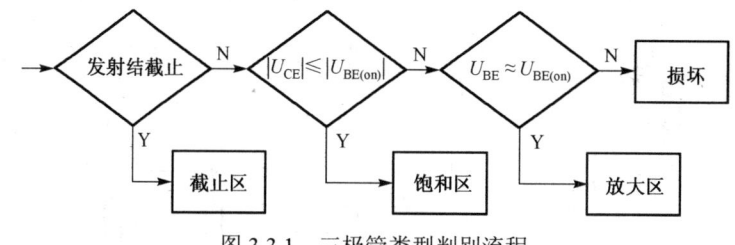

图 3.3.1 三极管类型判别流程

三、放大电路有无放大作用判别

此类题目主要是考查对放大电路组成原则的理解和掌握程度。

（1）在直流通路中，判别三极管是否处于放大区。

（2）在交流通路中，判别交流信号的传输路径是否畅通。

（3）元件参数的选择要保证信号能不失真地放大，即有合适的工作点，这需要通过分析计算才能得到。

（4）如果不具有放大作用，将引起不放大的因素消除，即改正电路，使其具有放大作用。注意，在这个改正过程中，不能更改三极管的类型。

四、三极管放大电路分析方法

由于交流信号是叠加在静态工作点上的，所以放大电路的分析分为静态分析和动态分析。

1. 静态分析，确定静态工作点 Q（I_{BQ}、I_{CQ}、U_{CEQ}）

静态分析即直流分析：分析交流信号为零时，放大电路中直流电压与直流电流的数值。可采用估算法或图解法。

（1）静态工作点的估算法

静态工作点的估算法也称近似计算法，分析过程如下。

① 画出放大电路的直流通路，将放大电路中的所有耦合电容和旁路电容视为开路而得到。常见的静态偏置电路如图 3.3.2 所示。

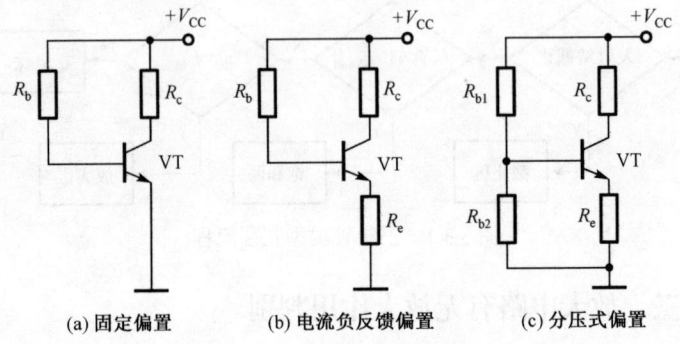

(a) 固定偏置　　(b) 电流负反馈偏置　　(c) 分压式偏置

图 3.3.2　常见的静态偏置电路

② 由直流通路列出输入回路和输出回路直流负载线方程，并取硅管 $|U_{BE(on)}|$ 为 0.6V 或 0.7V，锗管 $|U_{BE(on)}|$ 为 0.2V 或 0.3V，代入方程，求出静态工作点的值。对于图 3.3.2 所示的常见偏置电路，分析如下。

(a) 固定偏置电路，如图 3.3.2(a)所示：

$$I_{BQ} = \frac{V_{CC} - U_{BE(on)}}{R_b} \qquad I_{CQ} = \beta \cdot I_{BQ} \qquad U_{CEQ} = V_{CC} - I_{CQ} \cdot R_c$$

(b) 电流负反馈偏置电路，如图 3.3.2(b)所示：

$$I_{BQ} = \frac{V_{CC} - U_{BE(on)}}{R_b + (1+\beta) \cdot R_e} \qquad I_{CQ} = \beta \cdot I_{BQ} \qquad U_{CEQ} = V_{CC} - I_{CQ} \cdot (R_c + R_e)$$

在分析这个电路的 I_{BQ} 时，应用了电阻折合的概念，即射极电阻 R_e 如果要映射到基极，则应乘以 $(1+\beta)$；反之，如果基极电阻 R_b 要映射到射极，则应除以 $(1+\beta)$。

(c) 分压式偏置电路，如图 3.3.2(c)所示：

$$V_{BQ} = \frac{R_{b2}}{R_{b1} + R_{b2}} \cdot V_{CC} \qquad I_{CQ} \approx I_{EQ} = \frac{V_{BQ} - U_{BE(on)}}{R_e}$$

$$U_{CEQ} = V_{CC} - I_{CQ} \cdot (R_c + R_e)$$

（2）静态工作点的图解法

利用三极管的输入、输出特性曲线与管外电路所确定的负载线，通过作图的方法进行求解，分析过程如下。

① 画出放大电路的直流通路。

② 列出输入回路直流负载线方程，并在三极管的输入特性曲线上做出输入回路的直流负载线，找出对应的交点，即 U_{BEQ} 和 I_{BQ}。

③ 列出输出回路直流负载线方程，并在三极管的输出特性曲线上做出输出回路的直流负载线。它与 $i_B = I_{BQ}$ 的那条特性曲线的交点就是静态工作点，相应的坐标就是 U_{CEQ} 和 I_{CQ}。

2. 动态分析，求解 $\dot{A}_u$、R_i、R_o、$\dot{A}_{us}$

动态分析即交流分析：电路加入交流信号后，分析叠加在静态工作点上的电压与电流变化量之间的关系。可采用微变等效电路法和图解法。

（1）微变等效电路法

在交流等效电路的基础上，用图 3.1.2 所示的微变等效模型代替晶体三极管，利用得到放大电路的微变等效电路，分析放大电路的动态指标，分析步骤如下。

① 在放大电路静态分析的基础上，根据静态工作点，求出 r_{be}。

② 画出放大电路的交流通路，将放大电路中的大容值耦合电容和旁路电容视为短路，直流电源对地短路。

③ 用三极管的微变等效模型替换交流通路中的三极管，从而得到整个放大电路的微变等效电路。

④ 根据微变等效电路及 $\dot{A}_u$、R_i、R_o、$\dot{A}_{us}$ 的定义求动态指标。

（2）图解法

动态分析步骤如下。

① 将 u_i 叠加于 U_{BEQ} 上，画出 u_{BE}（$=U_{BEQ}+u_i$）的波形。

② 根据三极管的输入特性和 u_{BE} 的变化，画出 i_B 的波形。

③ 由 i_B 的波形，利用输出特性曲线和交流负载线，画出 i_C 和 u_{CE} 的波形。其中，u_{CE} 波形的交流分量就是输出电压 u_o 的波形。

通过动态过程的图解分析，从波形上测出 U_{om} 和 U_{im}，可求得 $|\dot{A}_u|=\dfrac{U_{om}}{U_{im}}$，并可知 u_o 与 u_i 的相位关系，也可求得放大电路的动态范围。不失真放大的最大输出电压 U_{omax} 为：

$$U_{omax}=\min\{U_{CEQ}-U_{CES},\ I_{CQ}\cdot R'_L\}$$

式中，U_{CES} 为晶体管的饱和压降，对于小功率硅管，常取 0.3～1V。

五、放大电路的非线性失真

非线性失真分为截止失真与饱和失真，对由 NPN 型管组成的共射极放大电路来说：

（1）当 Q 点过低时，将产生截止失真，输出波形将被削去上半波。为了消除截止失真，可以将 Q 点上移。在图 3.3.2(a) 和图 3.3.2(b) 所示电路中可通过减小 R_b 来实现，在图 3.3.2(c) 所示电路中可通过增大 R_{b2} 或减小 R_{b1} 来实现。

（2）当 Q 点过高时，将产生饱和失真，输出波形将被削去下半波。为了消除饱和失真，可以将 Q 点下移。在图 3.3.2(a) 和图 3.3.2(b) 所示电路中可通过增大 R_b 来实现，在图 3.3.2(c) 所示电路中可通过减小 R_{b2} 或增大 R_{b1} 来实现。

Q 点的改变对动态指标的影响如下：

$$Q\text{ 点上移} \rightarrow I_{BQ}\text{ 增大} \rightarrow I_{EQ}\text{ 增大} \rightarrow r_{be}\text{ 减小} \rightarrow \begin{cases} \dot{A}_u\text{ 增大} \\ R_i\text{ 减小} \\ R_o\text{ 不变} \end{cases}$$

Q 点下移，相应量会产生相反的变化。

3.4 填空题和选择题

一、填空题

3.4.1 某工作于放大状态的三极管，测得其 $I_B=20\mu A$，$I_C=1mA$，则其直流电流放大倍数 $\overline{\beta}$ 约为_____。若 I_B 增大到 $40\mu A$ 时，对应的 I_C 增大到 $2.2mA$，则其交流电流放大倍数 β 约为_____。

3.4.2 三极管工作在截止区时，各电极电流为_____，集电极与发射极之间相当于_____，类似于开关的_____状态；三极管工作在饱和区时，如果忽略饱和压降，集电极与发射极之间相当于_____，类似于开关的_____状态。

3.4.3 当三极管工作在放大区时，发射结_____，集电结_____；当工作在饱和区时，发射结_____，集电结_____。

3.4.4 在分压式偏置的共射放大电路中，如果增大 R_c 的阻值，集电极电流 I_{CQ} 将_____，管压降 U_{CEQ} 将_____。

3.4.5 截止失真是由于放大电路的静态工作点接近或达到了三极管的_____而引起的非线性失真，饱和失真则是由于工作点接近或达到了三极管的_____而引起的非线性失真。这两种失真统称为_____失真。

3.4.6 共集电极放大电路又称_____输出器，它的电压放大倍数接近于_____，输出信号与输入信号_____相，输入电阻_____（大、小），输出电阻_____（大、小）。

3.4.7 在共射、共集和共基3种组态的晶体管放大电路中，输入电阻最小的是_____组态，输出电阻最小的是_____组态，输入与输出反相的是_____组态。

3.4.8 在3种基本组态放大电路中，当希望从信号源索取电流较小时，应选用_____组态的放大电路，当希望既能放大电压，又能放大电流时，应选用_____组态的放大电路。

3.4.9 直流通路是指在_____作用下_____流经的通路，在画直流通路时电容可视为_____，交流信号可视为_____。

3.4.10 交流通路是指在_____作用下_____流经的通路，在画交流通路时电容和_____可视为_____。

二、选择正确的答案填空

3.4.11 采用微变等效电路分析放大电路的交流性能指标时，放大电路中的直流电源进行短路处理，在实际测试放大电路的交流性能指标时，将直流电源_____。

A. 短路　　　B. 开路　　　C. 正常接入电路

3.4.12 测得某处于正常放大状态的三极管的3个电极1、2、3的对地电位分别为0.3V、1.0V、5.4V，则引脚1、2、3对应的3个极为_____。

A. ebc　　B. ecb　　C. cbe　　D. bec

3.4.13 题3.4.12中的晶体管是_____。

A. PNP硅管　B. NPN硅管　C. PNP锗管　D. NPN锗管

3.4.14 晶体管共射输出特性常用一族曲线来表示，其中每一条曲线对应某参数一个特定的值，此参数为_____。

A. i_C　　B. u_{CE}　　C. i_B　　D. i_E

3.4.15 图3.4.1所示电路由于接法错误，并不能实现交流信号放大，其错误为_____。

A. 电源极性接反　　　　　B. 发射结被短接
C. 交流信号不能输出　　　D. 电容C_1、C_2极性接反

3.4.16 电路如图3.4.2所示，当晶体管的β由50变成100时，假设三极管仍然处于放大状态，则电路的电压放大倍数A_u_____。

A. 约为原来的1/2　　　B. 基本不变
C. 约为原来的2倍　　　D. 约为原来的4倍

3.4.17 电路如图3.4.2所示，当晶体管的β由50变成100时，假设三极管仍然处于放大状态，则电路的输入电阻R_i_____。

A. 减小很多　　　　　B. 基本不变
C. 约为原来的2倍　　D. 约为原来的4倍

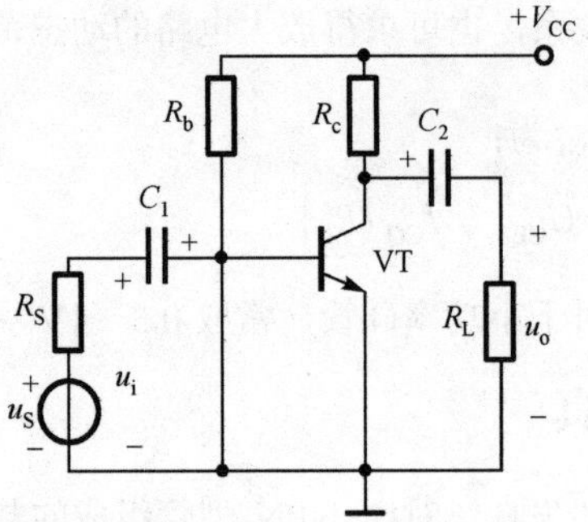

图3.4.1 题3.4.15电路图 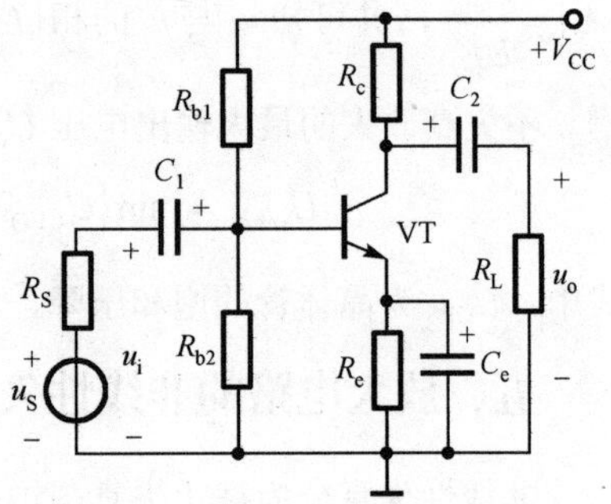　　图3.4.2 题3.4.16和题3.4.17电路图

3.4.18 放大电路如图3.4.3(a)所示，晶体管的输出特性曲线如图3.4.3(b)所示，若要静态工作点由Q_1移到Q_2，应使_____；若要静态工作点由Q_2移到Q_3，则应使_____。

A. $R_b\uparrow$　$R_c\downarrow$　　　　B. $R_b\uparrow$　$R_c\uparrow$
C. $R_b\downarrow$　$R_c\uparrow$　　　　D. $R_b\downarrow$　$R_c\downarrow$

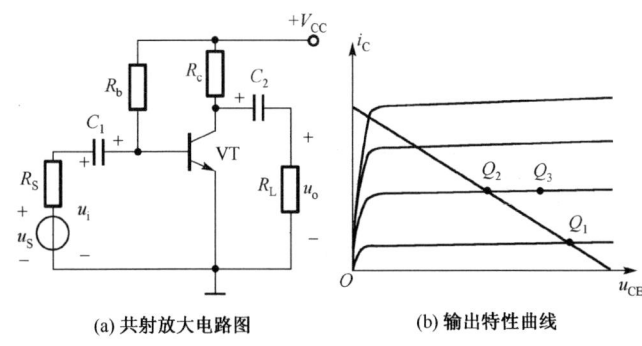

图 3.4.3 题 3.4.18 电路图

A．共集放大电路　　　B．共射放大电路　　　C．共基放大电路

3.4.22 如果要对一宽频带信号进行放大，用三极管电路实现，则应采用_____放大电路。

A．共集电极　　　　B．共发射极　　　　C．共基极

3.4.19 电路如图 3.4.3(a)所示，其输入、输出电压如图 3.4.4 所示，则该电路产生了_____失真，为了减小这种失真，可以采取的措施为_____。

A．截止　$R_c\uparrow$　　　　B．饱和　$R_c\downarrow$
C．截止　$R_b\downarrow$　　　　D．饱和　$R_b\uparrow$

3.4.20 电路如图 3.4.3(a)所示，其输入、输出电压如图 3.4.5 所示，则该电路产生了_____失真，为了减小这种失真，可以采取的措施为_____。

A．截止　$R_c\downarrow$　　　　B．饱和　$R_c\uparrow$
C．截止　$R_b\downarrow$　　　　D．饱和　$R_b\uparrow$

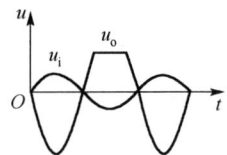　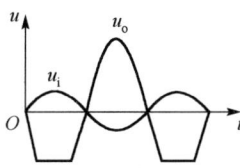

图 3.4.4　题 3.4.19 输入/输出波形图　　图 3.4.5　题 3.4.20 输入/输出波形图

3.4.21 要求一个电路的输入电阻很大，输出电阻很小，对放大倍数要求不高，用三极管电路实现，则可以选择_____。

3.5 习题 3

3.5.1 测得放大电路中的晶体三极管的 3 个电极①、②、③的电流大小和方向如图 3.5.1 所示，试判断晶体管的类型（NPN 型或 PNP 型），说明①、②、③中哪个是基极 b、发射极 e、集电极 c，求出电流放大系数 β。

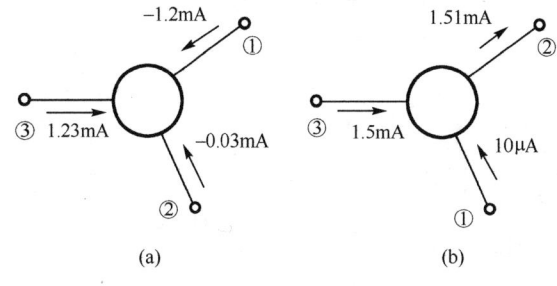

图 3.5.1 习题 3.5.1 图

解：

3.5.2 试判断图 3.5.2 所示电路中开关 S 放在①、②、③哪个位置时 I_B 最大，放在哪个位置时 I_B 最小，为什么？

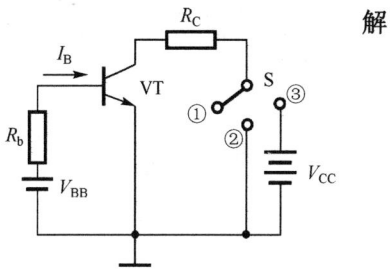

图 3.5.2 习题 3.5.2 电路图

解：

3.5.3 测得某放大电路中的晶体三极管各极直流电位如图 3.5.3 所示，判断晶体三极管的类型（NPN 型或 PNP 型）及 3 个电极，并分别说明它们是硅管还是锗管。

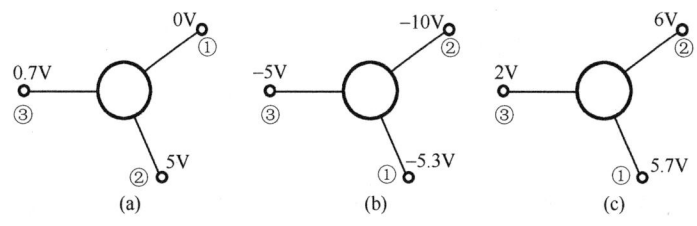

图 3.5.3 习题 3.5.3 图

解：

3.5.4 用万用表直流电压挡测得晶体三极管的各极对地电位如图 3.5.4 所示，判断这些晶体管分别处于哪种工作状态（饱和、放大、截止或已损坏）。

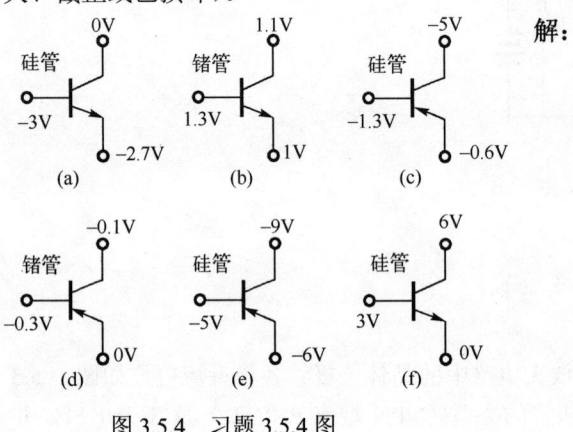

图 3.5.4 习题 3.5.4 图

解：

3.5.5 某晶体管的极限参数为 $I_{CM} = 20\text{mA}$、$P_{CM} = 200\text{mW}$、$U_{(BR)CEO} = 15\text{V}$，若它的工作电流 $I_C = 10\text{mA}$，那么它的工作电压 U_{CE} 不能超过多少？若它的工作电压 $U_{CE} = 12\text{V}$，那么它的工作电流 I_C 不能超过多少？

解：

3.5.6 图 3.5.5 所示电路对正弦信号是否有放大作用？如果没有放大作用，则说明理由，并将错误加以改正（设电容的容抗可以忽略）。

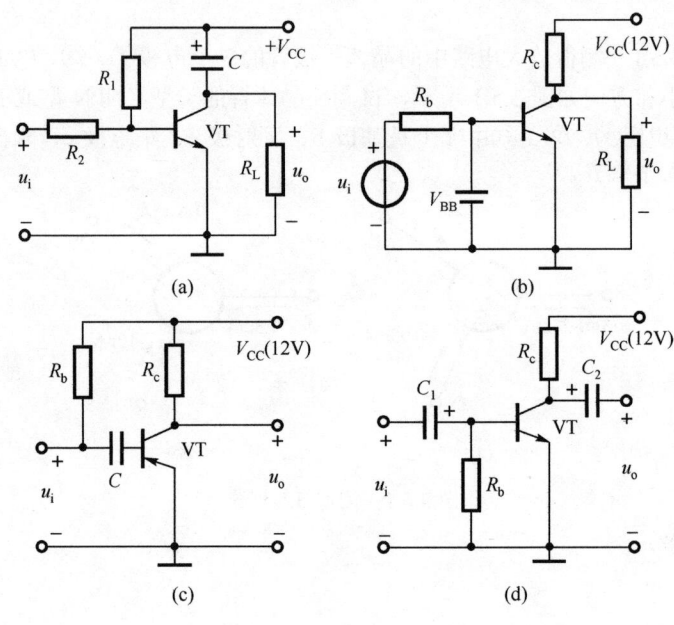

图 3.5.5 习题 3.5.6 电路图

解：

3.5.7 试求图 3.5.6 所示电路中的静态工作点 I_{CQ} 和 U_{CEQ} 的值。

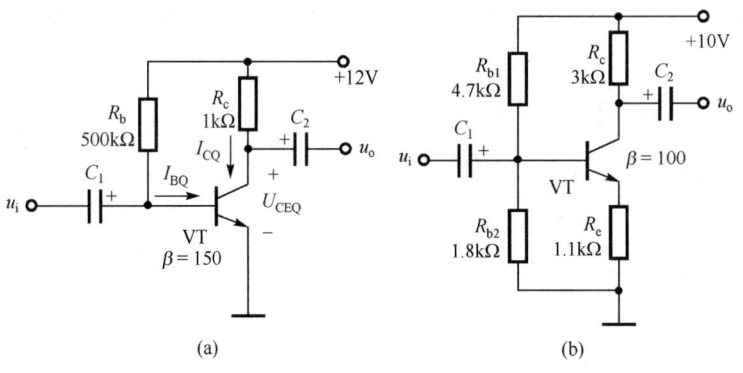

图 3.5.6 习题 3.5.7 电路图

3.5.8 在图 3.5.6(a)所示电路中，假设电路其他参数不变，分别改变以下某一项参数：（1）增大 R_b；（2）增大 V_{CC}；（3）增大 β。试定性说明放大电路的 I_{BQ}、I_{CQ} 和 U_{CEQ} 将增大、减小还是基本不变。

解：

解：

3.5.9 图 3.5.7 所示为放大电路的直流通路，晶体管均为硅管，判断它的静态工作点位于哪个区（放大区、饱和区、截止区）。

解：

3.5.10 画出图 3.5.8 所示电路的直流通路和微变等效电路，并注意标出电压、电流的参考方向。设所有电容对交流信号均可视为短路。

解：

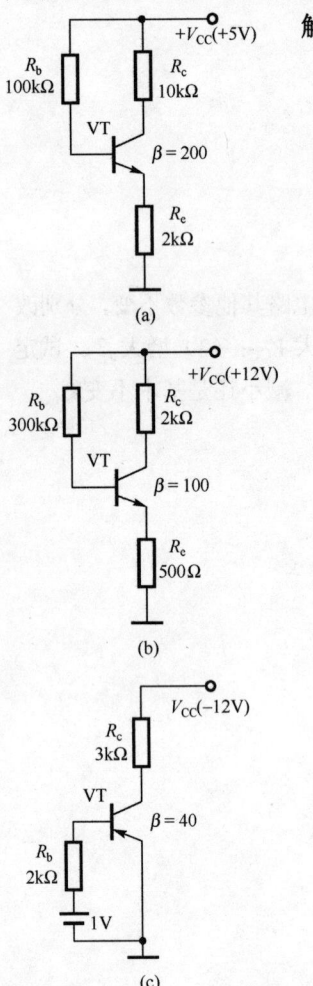

图 3.5.7 习题 3.5.9 电路图

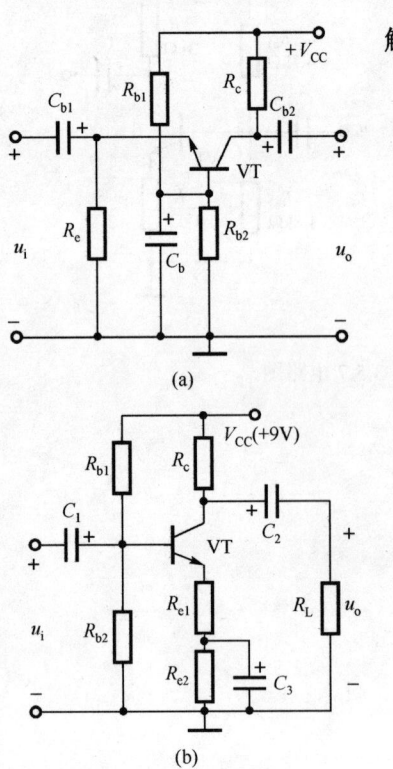

图 3.5.8 习题 3.5.10 电路图

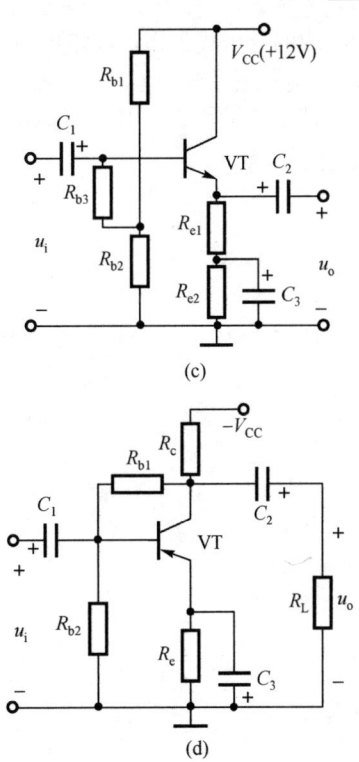

(c)

(d)

图 3.5.8　习题 3.5.10 电路图（续）

3.5.11　放大电路如图 3.5.9(a)所示。设所有电容对交流均视为短路，$U_{BEQ}=0.7V$，$\beta=50$。（1）估算该电路的静态工作点 Q；（2）画出小信号等效电路；（3）求电路的输入电阻 R_i 和输出电阻 R_o；（4）求电路的电压放大倍数 $\dot{A}_u$；（5）若 u_o 出现图 3.5.9(b)所示的失真现象，则是截止失真还是饱和失真？为消除此失真，应调整电路中的哪个元件？如何调整？

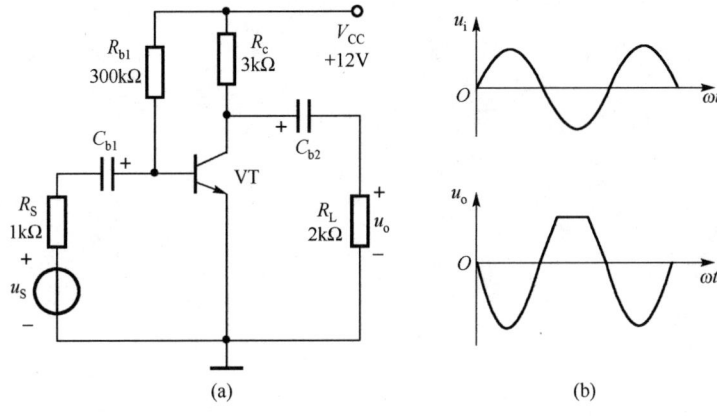

图 3.5.9　习题 3.5.11 电路图

解：

3.5.12 图 3.5.10 所示 NPN 三极管组成的分压式工作点稳定电路中,假设电路其他参数不变,分别改变以下某一项参数:(1)增大 R_{b1};(2)增大 R_{b2};(3)增大 R_e;(4)增大 β。试定性说明放大电路的 I_{BQ}、I_{CQ}、U_{CEQ}、r_{be} 和 $|\dot{A}_u|$ 将增大、减小还是基本不变。

解:

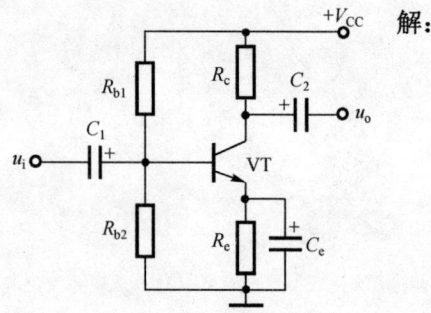

图 3.5.10 习题 3.5.12 电路图

3.5.13 基本放大电路如图 3.5.11 所示。设所有电容对交流均视为短路，$U_{BEQ} = 0.7\text{V}$，$\beta = 100$，$U_{CES} = 0.5\text{V}$。（1）估算电路的静态工作点（I_{CQ}、U_{CEQ}）；（2）求电路的输入电阻 R_i 和输出电阻 R_o；（3）求电路的电压放大倍数 $\dot{A}_u$ 和源电压放大倍数 $\dot{A}_{us}$；（4）求不失真的最大输出电压 U_{omax}。

3.5.14 放大电路如图 3.5.12 所示，设所有电容对交流均视为短路。已知 $U_{BEQ} = 0.7\text{V}$，$\beta = 100$。（1）估算静态工作点（I_{CQ}、U_{CEQ}）；（2）画出小信号等效电路图；（3）求放大电路的输入电阻 R_i 和输出电阻 R_o；（4）计算交流电压放大倍数 $\dot{A}_u$ 和源电压放大倍数 $\dot{A}_{us}$。

解：

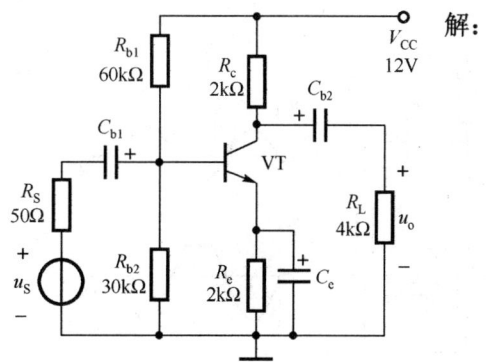

图 3.5.11 习题 3.5.13 电路图

解：

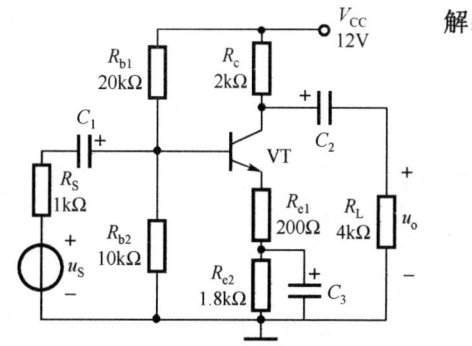

图 3.5.12 习题 3.5.14 电路图

3.5.15 电路如图 3.5.13 所示，设所有电容对交流均视为短路。已知 $U_{BEQ}=0.7\text{V}$，$\beta=100$，r_{ce} 可忽略。(1) 估算静态工作点 Q (I_{CQ}、I_{BQ} 和 U_{CEQ})；(2) 求解 $\dot{A}_u$、R_i 和 R_o。

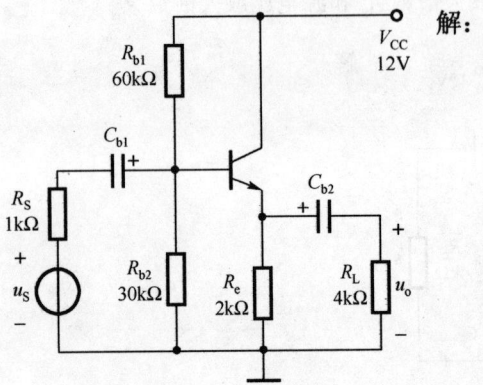

图 3.5.13 习题 3.5.15 电路图

3.5.16 放大电路如图 3.5.14(a)所示，已知晶体管的 $U_{BEQ}=-0.7\text{V}$，$\beta=50$，$r_{bb'}=100\Omega$，各电容值足够大。试求：(1) 静态工作点的值；(2) 该放大电路的电压放大倍数 $\dot{A}_u$、源电压放大倍数 $\dot{A}_{us}$、输入电阻 R_i 及输出电阻 R_o；(3) C_e 开路时的静态工作点及 $\dot{A}_u$、$\dot{A}_{us}$、R_i、R_o；(4) 若 u_o 出现图 3.5.14(b)所示的失真现象，则是截止失真还是饱和失真？

解：

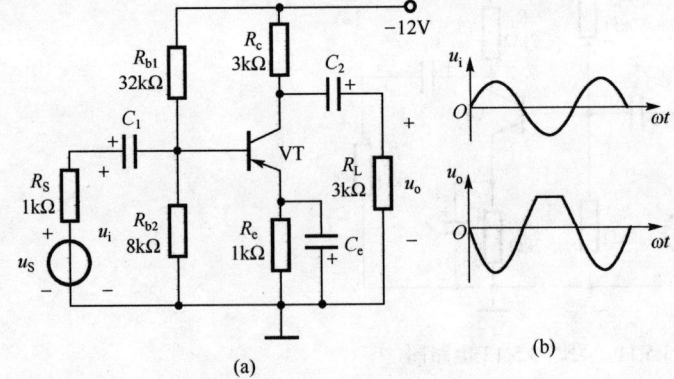

图 3.5.14 习题 3.5.16 电路图

解：

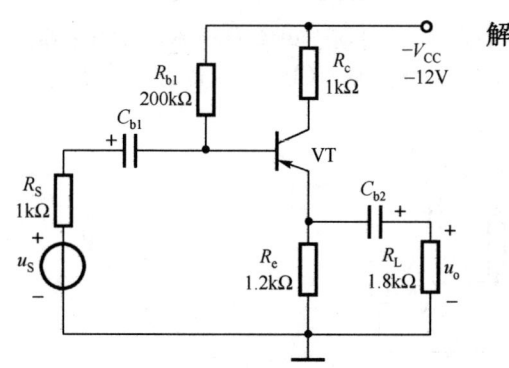

图 3.5.15 习题 3.5.17 电路图

3.5.17 电路如图 3.5.15 所示，设所有电容对交流均视为短路，$U_{BEQ} = -0.7\text{V}$，$\beta = 50$。试求该电路的静态工作点 Q、$\dot{A}_u$、R_i 和 R_o。

3.5.18 电路如图 3.5.16 所示，设所有电容对交流均视为短路，已知 $U_{BEQ}=0.7\text{V}$，$\beta=20$，r_{ce} 可忽略。（1）估算静态工作点 Q；（2）求解 $\dot{A}_u$、R_i 和 R_o。

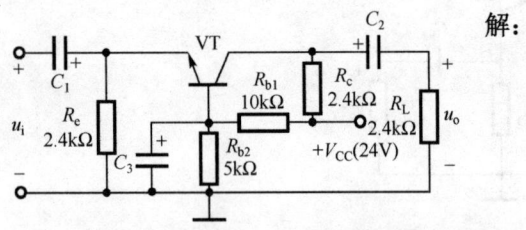

图 3.5.16 习题 3.5.18 电路图

解：

3.5.19 阻容耦合放大电路如图 3.5.17 所示，已知 $\beta_1=\beta_2=50$，$U_{BEQ}=0.7\text{V}$，指出每级各是什么组态的电路，并计算电路的输入电阻 R_i。

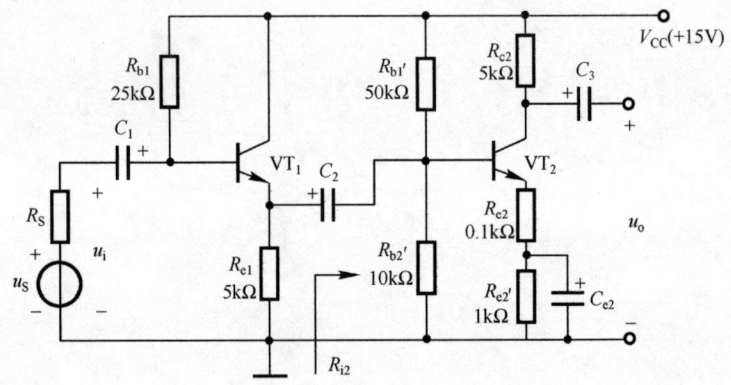

图 3.5.17 习题 3.5.19 电路图

解：

第 4 章 场效应管放大电路与功率放大电路

4.1 知识要点总结

一、场效应管的基本知识

（1）场效应管是利用电场效应来控制其电流大小的半导体器件，具体来说就是利用栅源电压 u_{GS} 来控制漏极电流 i_D。

（2）场效应管的分类

$$\text{场效应管}\begin{cases}\text{结型场效应管（JFET）}\begin{cases}\text{N沟道}\\ \text{P沟道}\end{cases}\\ \text{绝缘栅型场效应管（MOSFET）}\begin{cases}\text{增强型}\begin{cases}\text{N沟道}\\ \text{P沟道}\end{cases}\\ \text{耗尽型}\begin{cases}\text{N沟道}\\ \text{P沟道}\end{cases}\end{cases}\end{cases}$$

（3）符号

在图 4.1.1 所示的场效应管电路符号中，箭头方向表示器件的沟道类型。

MOS 管中，源区与衬底之间形成 PN 结，图中衬底箭头方向是 PN 结正偏时的正向电流方向，若箭头所示方向为流入衬底，如图 4.1.1(a)、图 4.1.1(c)所示，为 N 沟道 MOS 管（类似 NPN 型三极管），反之，则为 P 沟道 MOS 管。

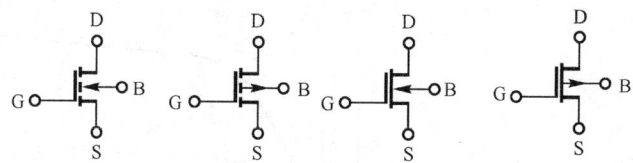

(a) N沟道增强型　(b) P沟道增强型　(c) N沟道耗尽型　(d) P沟道耗尽型

图 4.1.1　场效应管电路符号

增强型管与耗尽型管的区别，是通过电路符号中的沟道线来表示的。若沟道线是虚线，如图 4.1.1(a)、图 4.1.1(b)所示，则为增强型场效应管，表明 $u_{GS}=0$ 时，导电沟道还没有形成。若沟道线是实线，如图 4.1.1(c)、图 4.1.1(d)所示，则为耗尽型，表明 $u_{GS}=0$ 时，导电沟道已经存在。

二、场效应管伏安特性曲线

场效应管的伏安特性包括输出特性与转移特性，特性曲线如图 4.1.2 所示。输出特性曲线与晶体三极管的类似，反映当 u_{GS} 为常数时，u_{DS} 与漏极电流 i_D 的关系。因为场效应管的 $i_G \approx 0$，故不讨论输入特性，转移特性曲线不同于晶体三极管的输入特性曲线，它反映的是当 u_{DS} 为常数时，u_{GS} 对 i_D 的控制作用。输出特性曲线可划分为 3 个区域，以 N 沟道增强型 MOS 管为例说明如下。

（1）可变电阻区（非饱和区）：特性曲线起始上升部分。

工作条件：$u_{GS} > U_{th}$，$u_{DS} < u_{GS} - U_{th}$，沟道预夹断前的区域。

可变电阻区特点：i_D 同时受 u_{GS} 和 u_{DS} 的控制，当 u_{GS} 为常数时，u_{DS} 增大，i_D 近似线性增大，表现为电阻特性；当 u_{DS} 为常数时，u_{GS} 增大，则 i_D 增大，又表现为一种压控电阻的特性，故称为可变电阻区。

可变电阻区（非饱和区）对应晶体三极管的饱和区。

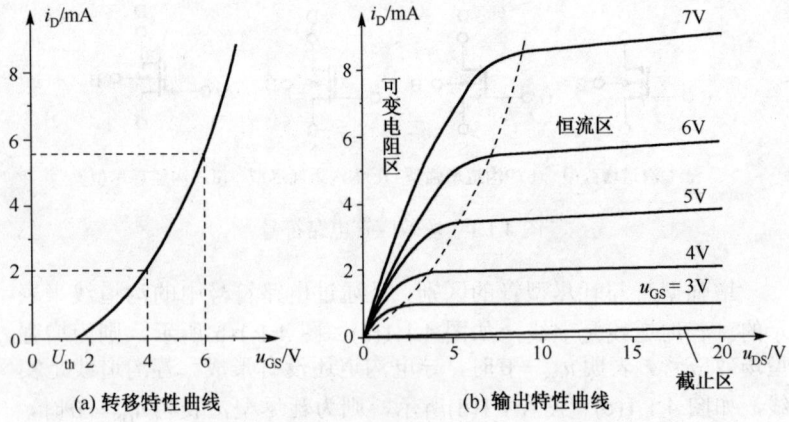

(a) 转移特性曲线　　(b) 输出特性曲线

图 4.1.2　N 沟道增强型 MOS 管的特性曲线

(2) 饱和区（恒流区）：特性曲线近似平坦的区域。

工作条件：$u_{GS} > U_{th}$，$u_{DS} > u_{GS} - U_{th}$，沟道预夹断后的区域。

饱和区特点：i_D 只受 u_{GS} 的控制，而与 u_{DS} 近似无关，表现出类似晶体三极管的正向受控作用。

饱和区对应晶体三极管的放大区。

(3) 截止区：对应 $i_D = 0$ 以下的区域。

工作条件：$u_{GS} < U_{th}$，沟道未形成的区域。

截止区特点：$i_G \approx 0$，$i_D \approx 0$，相当于场效应管 3 个电极断开，与晶体三极管截止区特点类似。

三、放大模式下场效应管的模型

(1) 数学模型

转移特性的近似数学表达式

增强型　　$i_D = K(u_{GS} - U_{th})^2$

耗尽型　　$i_D \approx I_{DSS}\left(1 - \dfrac{u_{GS}}{U_P}\right)^2$

(2) 微变等效电路模型

交流工作时，场效应管的微变等效电路模型如图 4.1.3 所示。图中，g_m 为低频跨导。

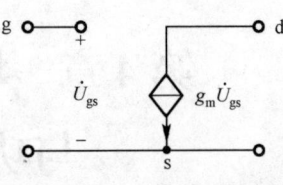

图 4.1.3　FET 微变等效电路

场效应管的微变等效电路与晶体三极管的微变等效电路非常相似，区别在于晶体三极管的发射结正偏，输入电阻 r_{be} 较小，而场效应管 $i_G \approx 0$，输入电阻 $r_{gs} \to \infty$，所以输入端开路。场效应管的微变等效电路是一个电压控制电流源器件。

四、功率放大电路

功率放大电路的作用是将信号的功率放大，它输入的是较大的电压信号，输出信号则既要有较大的电压，又要有足够的电流，即有大的功率。因为输入为大信号，故对其分析不能用微变等效电路法，而只能用图解法或最大值的近似估算法。其研究重点是电路的组成、工作原理、消除失真的方法、最大输出功率和效率的计算。

3 类功放电路的对比如表 4.1.1 所示。

(1) 工作状态、效率及失真情况

根据导通角的不同，功率放大器可分为甲类、乙类、甲乙类等工作状态。

(2) 双电源互补对称功放电路

① 电路形式（如图 4.1.4 所示）

② 性能参数计算

甲乙类功放电路的性能和对管子的参数要求与乙类功放电路非常接近，故可统一视为乙类功放电路来分析。

最大电源输出功率 $P_{om} = \dfrac{(V_{CC}-U_{CES})^2}{2R_L}$

直流电源供给最大功率 $P_{Vm} = \dfrac{2}{\pi} \cdot \dfrac{V_{CC}U_{om}}{R_L}$

转换效率 $\eta = \dfrac{P_o}{P_V} = \dfrac{\pi}{4} \cdot \dfrac{U_{om}}{V_{CC}}$

若 $U_{om} \approx V_{CC}$，则 $\eta_{max} = \pi/4 = 78.5\%$。

③ 功放管的选择

最大管耗为 $P_{CM} \geqslant 0.2P_{om}$，击穿电压为 $|U_{(BR)CEO}| \geqslant 2V_{CC}$，最大集电极电流为 $I_{CM} \geqslant V_{CC}/R_L$。

（3）单电源互补对称功放电路

将双电源电路中的 $-V_{CC}$ 接地，且将一个电容 C 与 R_L 串联，则电路就由双电源互补对称电路转变为单电源互补对称电路。对单电源电路的分析，可以仿照双电源电路进行，只需将双电源分析式中的 V_{CC} 用 $V_{CC}/2$ 替代即可。

（4）复合管

① 两只晶体管正确连接成复合管，必须保证每只晶体管各电极电流都能顺着各自正常工作方向流动。

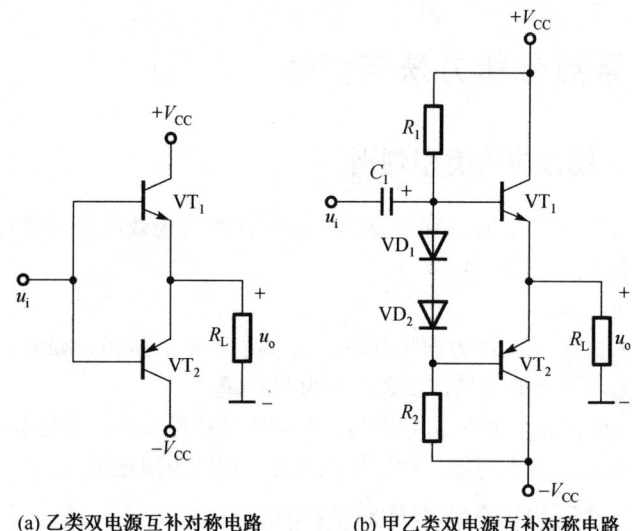

(a) 乙类双电源互补对称电路　　(b) 甲乙类双电源互补对称电路

图 4.1.4　双电源互补对称电路

② 复合后的管子的类型与前级 VT_1 相同。

③ 复合后的电流放大系数近似等于两管的 β 相乘。

4.2　本章重点与难点

（1）MOS 场效应管的工作原理、输出特性和转移特性。

（2）共源极与共漏极放大电路的工作原理。

（3）场效应管的偏置方式。

（4）应用微变等效电路法对场效应管放大电路进行动态分析。

（5）功率放大电路的特点、分类及计算。

（6）复合管结构的特点及计算。

表 4.1.1　3 类功放电路的对比

	甲类	乙类	甲乙类
工作点	Q 点在特性曲线的线性部分，I_{CQ} 较大	Q 点位于特性曲线的截止点，$I_{CQ}=0$	Q 点位于靠近截止区的微导通点，$I_{CQ} \approx 0$
导通角	360°	180°	略大于 180°
效率	非常低	很高（最高达 78.5%）	很高，接近于乙类
非线性失真	无	构成的互补对称电路存在交越失真	构成的互补对称电路消除了交越失真

4.3 重点分析方法与步骤

一、场效应管类型判别

场效应管类型的判别主要是考查对各类型场效应管转移特性的掌握程度。

分析步骤：

（1）根据 i_D 实际方向来判断是 N 沟道还是 P 沟道，如果 i_D 是从漏极流出，则为 P 沟道，反之，则为 N 沟道；

（2）根据 $u_{GS}=0$ 时 i_D 是否为零来判断是耗尽型还是增强型，如果当 $u_{GS}=0$ 时，i_D 不为零，则为耗尽型管，否则为增强型。

二、场效应管的工作状态判别

场效应管工作状态的判别主要是考查对场效应管转移特性和输出特性曲线的掌握程度。

分析步骤如下。

（1）首先求解出 U_{GSQ} 和 I_{DQ}，根据 U_{GSQ} 来判断是否处于截止区，对于 N 沟道，如果 $U_{GSQ}<U_{th}$（或 U_P），则场效应管截止。对于 P 沟道，如果 $U_{GSQ}>U_{th}$（或 U_P），则场效应管截止。

（2）如果管子没有处于截止区，则根据前一步的计算结果，计算出 U_{DSQ} 的值。

对于 N 沟道：如果 $U_{DSQ}>U_{GSQ}-U_{th}$（或 U_P），则场效应管处于饱和区（恒流区）；反之，则处于可变电阻区。

对于 P 沟道：如果 $U_{DSQ}<U_{GSQ}-U_{th}$（或 U_P），则场效应管处于饱和区（恒流区）；反之，则处于可变电阻区。

（3）对照场效应管的击穿参数，判别场效应管是否处于击穿区。

三、场效应管放大电路分析

场效应管放大电路的分析可以类比晶体三极管放大电路的分析。可以用估算法分析直流电路工作点，采用微变等效电路分析电路动态指标。

1. 静态分析，确定静态工作点 Q（U_{GSQ}、I_{DQ}、U_{DSQ}）

分析步骤如下。

（1）画出放大电路的直流通路。常见的静态偏置电路如图 4.3.1 所示。

（2）根据偏置电路写出管外电路 U_{GS} 和 I_D 之间的关系式，根据 FET 的类型选择合适的数学模型。

对于图 4.3.1(a)所示的自给偏压电路有：

$$U_{GSQ} = -I_{DQ} \cdot R_s, \quad I_{DQ} = I_{DSS}\left(1-\frac{U_{GSQ}}{U_P}\right)^2$$

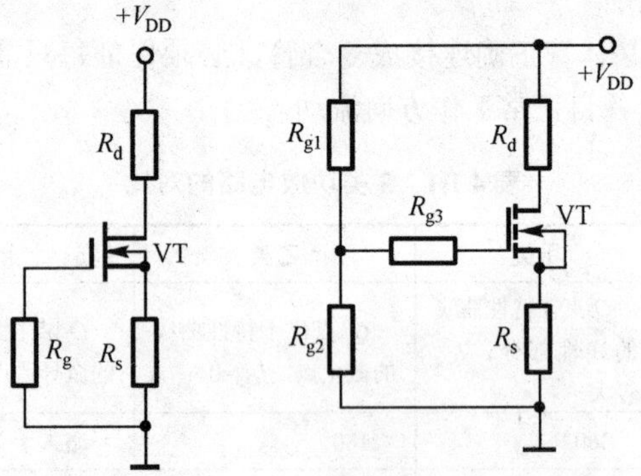

(a) 自给偏压电路　　(b) 分压式偏置电路

图 4.3.1　静态偏置电路

对于图 4.3.1(b)所示的分压式偏置电路有：

$$U_{GSQ} = \frac{R_{g2}}{R_{g1}+R_{g2}}V_{DD} - I_{DQ}R_s, \quad I_{DQ} = K_n(U_{GSQ}-U_{th})^2$$

（3）联立求解上述方程，解出 U_{GSQ} 和 I_{DQ} 的值。与晶体三极管的静态分析不同，通常场效应管的静态分析会求解出两组 U_{GSQ} 和 I_{DQ} 的值。此时，应根据管子的类型和参数，舍去不合理的那一组解。具体方法可参见前述管子工作状态的判别部分，将属于截止区的那一组解舍去。

根据 U_{GSQ} 和 I_{DQ} 的值，计算出 U_{DSQ} 的值，并判断管子是否处于恒流区，如果处于恒流区，则进行动态分析。

2. 动态分析，求解 $\dot{A}_u$、R_i、R_o、$\dot{A}_{us}$

分析步骤如下。
（1）根据静态分析结果求出跨导参数 g_m 的值。
（2）根据放大电路图画出其交流通路。
（3）将场效应管部分用微变等效电路模型替换，得到整个放大电路的微变等效电路图。
（4）根据画出的微变等效电路求解动态参数。

四、功放电路的计算

首先判断是哪类功放电路，是单电源供电还是双电源供电，接近乙类的甲乙类功放电路在分析计算中看成乙类放大电路，也就是乙类和甲乙类的计算相同；单电源电路的分析计算中，只需将双电源计算公式中的 V_{CC} 用 $V_{CC}/2$ 来代替即可。

五、功放管的选择

双电源选择功放管时，其极限参数应满足：

（1）每只功放管的最大管耗为 $P_{CM} \geq 0.2P_{om}$；
（2）考虑到当 VT_1 导通，$U_{om}=V_{CC}$ 时，VT_2 承受的最大管压降为 $2V_{CC}$，因此应选用 c-e 间击穿电压 $|U_{(BR)CEO}| \geq 2V_{CC}$ 的晶体管；
（3）最大集电极电流为 $I_{CM} \geq V_{CC}/R_L$。
单电源时将上述公式中的 V_{CC} 用 $V_{CC}/2$ 来代替即可。

4.4 填空题和选择题

一、填空题

4.4.1 场效应管属于_____控制器件，它是利用输入电压产生的_____来控制输出电流。场效应管从结构上可以分成_____和_____两大类。各类又有_____沟道和_____沟道的区别。

4.4.2 场效应管的 3 个电极分别是_____、_____和_____，分别对应双极型晶体管的_____极、_____极和_____极。

4.4.3 场效应管的输入电阻很_____（高、低），其漏极电流 i_D 主要受到_____控制。

4.4.4 场效应管跨导 g_m 表示_____对漏极电流 i_D 的控制能力的强弱。

4.4.5 共源极放大电路其输出电压与输入电压的相位_____；共漏极放大电路其输出电压与输入电压的相位_____。

4.4.6 用于放大时，场效应管工作在特性曲线的_____区。

4.4.7 功率放大电路当工作在乙类工作状态下时，由于三极管死区电压的存在，其输出将产生_____失真。

4.4.8 在图 4.1.4(a)所示电路中，若 $V_{CC}=12V$，假设 $U_{CES}=0V$，输入电压 u_i 为正弦波，为使电路能输出最大功率，输入电压峰值应为_____V，正常工作时，三极管可能承受的最大管压降

$|U_{(BR)CEO}|$ 为_____；该电路能达到的最高效率 η 为_____；若电路的最大输出功率为 2W，则电路中功放管的集电极最大管耗约为_____W。

4.4.9 在图 4.1.4(b)所示电路中，静态时流过负载电阻 R_L 的电流为_____；VD_1 和 VD_2 的作用是消除_____失真。

4.4.10 甲类功放电路的导通角等于_____；乙类功放电路的导通角等于_____；甲乙类功放电路的导通角_____；其中效率最高的是_____。

4.4.11 功率放大电路的效率比电压放大电路（高、低）_____，电压放大电路的功率比功率放大电路（大、小）_____。

4.4.12 某收音机末级采用单管甲类功率放大电路，当音量开关开大时管耗(大、小)_____，输出功率(大、小)_____；音量开关关小时管耗（大、小）_____，输出功率（大、小）_____。

二、选择正确的答案填空

4.4.13 场效应管的跨导 g_m 的含义为_____。

A. $g_m = \dfrac{\partial u_{GS}}{\partial u_{DS}}$　　　　B. $g_m = \dfrac{\partial u_{DS}}{\partial i_D}$

C. $g_m = \dfrac{\partial i_D}{\partial u_{GS}}$　　　　D. $g_m = \dfrac{\partial i_D}{\partial i_G}$

4.4.14 场效应管的转移特性如图 4.4.1 所示，则该管子类型为_____。

A. 耗尽型 P 沟道场效应管
B. 增强型 N 沟道场效应管
C. 耗尽型 N 沟道场效应管
D. 增强型 P 沟道场效应管

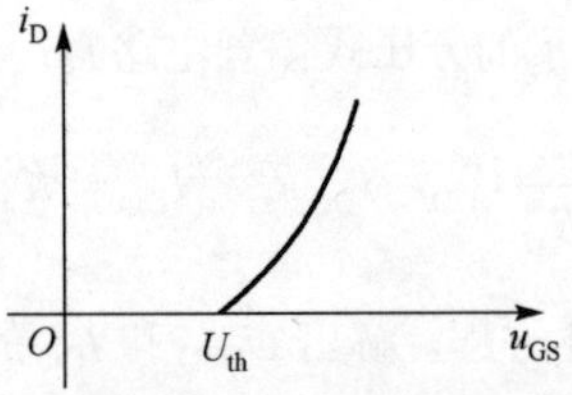

图 4.4.1 题 4.4.14 图

4.4.15 场效应管的转移特性是当 U_{DS} 为固定值时_____的关系曲线。

A. u_{GS} 与 i_G　　B. u_{DS} 与 i_G　　C. u_{GS} 与 i_D　　D. u_{DS} 与 i_D

4.4.16 N 沟道增强型绝缘栅场效应管，工作在恒流区时其栅源电压 U_{GS} 为_____。

A. 正极性　　　　　　　　B. 负极性
C. 等于零　　　　　　　　D. 不能确定极性

4.4.17 某场效应管的开启电压为 2V，则该管是_____。

A. N 沟道增强型　　　　　B. N 沟道耗尽型
C. P 沟道增强型　　　　　D. P 沟道耗尽型

4.4.18 功率放大电路的效率是指_____。

A. 输出功率与输入功率之比
B. 最大不失真输出功率与电源提供的功率之比
C. 输出功率与功放管上消耗的功率之比
D. 最大不失真输出功率与输入功率之比

4.4.19 甲类功放电路效率低的主要原因是_____。

A. 只有一个功放管　　　　B. 功放管放大倍数过小
C. 静态电流过大　　　　　D. 管压降过大

4.4.20 两只电流放大系数分别为 β_1 和 β_2 的晶体管构成复合管，该复合管的电流放大系数为_____。

A. $\beta_1 + \beta_2$　　B. $\beta_1 \cdot \beta_2$　　C. $\dfrac{\beta_1 + \beta_2}{2}$　　D. $\sqrt{\beta_1 \beta_2}$

4.5 习题 4

4.5.1 图 4.5.1 所示为场效应管的转移特性，请分别说明场效应管各属于何种类型。说明它的开启电压 U_{th}（或夹断电压 U_P）约为多少。

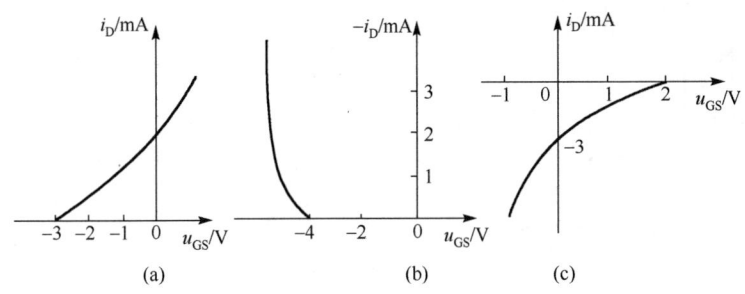

图 4.5.1 习题 4.5.1 图

解：

4.5.2 某 MOSFET 的 $I_{DSS} = 10\text{mA}$ 且 $U_P = -8\text{V}$。（1）此元件是 P 沟道还是 N 沟道？（2）计算当 $U_{GS} = -3\text{V}$ 时的 I_D；（3）计算当 $U_{GS} = 3\text{V}$ 时的 I_D。

解：

4.5.3 画出下列 FET 的转移特性曲线。
（1） $U_P = -6\text{V}$，$I_{DSS} = 1\text{mA}$ 的 MOSFET；
（2） $U_{th} = 8\text{V}$，$K_n = 0.2\text{mA/V}^2$ 的 MOSFET。

解：

4.5.4 试在具有四象限的直角坐标上分别画出 4 种类型 MOSFET 的转移特性示意图，并标明各自的开启电压或夹断电压。

解：

4.5.5 判断图 4.5.2 所示各电路是否有可能正常放大正弦信号。电容对交流信号可视为短路。

4.5.6 电路如图 4.5.3 所示，MOSFET 的 $U_{th} = 2V$，$K_n = 50mA/V^2$，确定电路 Q 点的 I_{DQ} 和 U_{DSQ} 值。

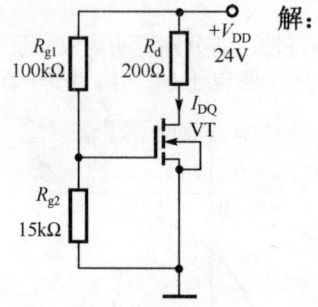

图 4.5.3 习题 4.5.6 电路图

解：

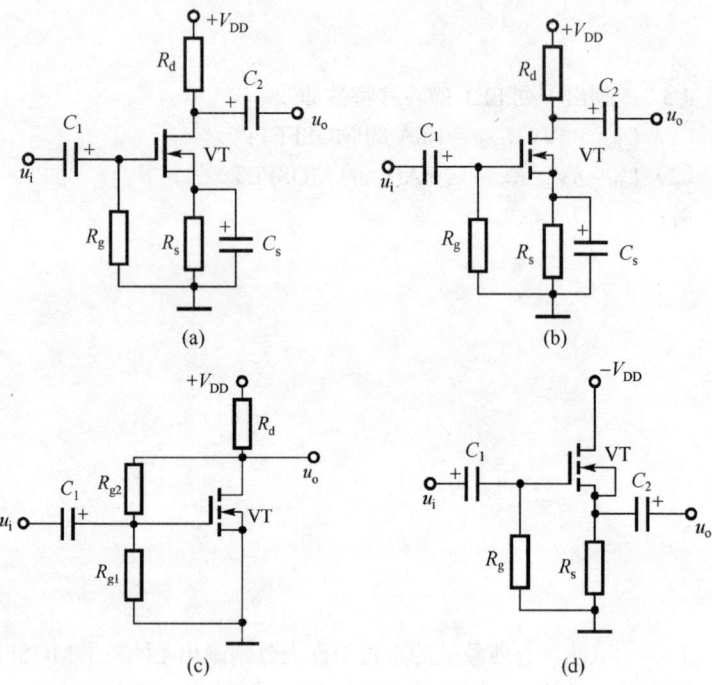

图 4.5.2 习题 4.5.5 电路图

解：

4.5.7 试求图 4.5.4 所示各电路的 U_{DS}，已知 $|I_{DSS}| = 8mA$。

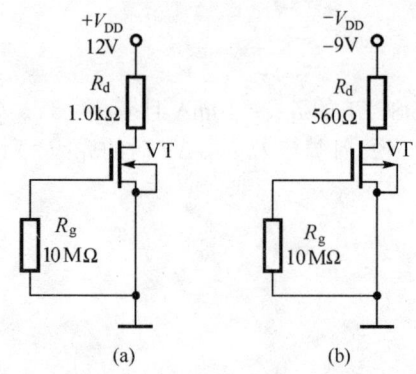

图 4.5.4 习题 4.5.7 电路图

解：

4.5.8 电路如图 4.5.5 所示,已知 VT 在 $U_{GS} = 5V$ 时的 $I_D = 2.25mA$,在 $U_{GS} = 3V$ 时的 $I_D = 0.25mA$。现要求该电路中 FET 的 $V_{DQ} = 2.4V$、$I_{DQ} = 0.64mA$,试求:
(1) 管子的 K_n 和 U_{th} 的值;
(2) R_d 和 R_s 的值应各取多大？

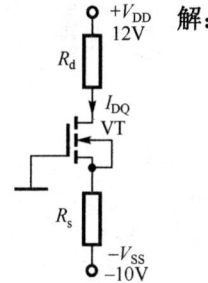

图 4.5.5 习题 4.5.8 电路图

4.5.9 电路如图 4.5.6 所示,已知 FET 的 $U_{th} = 3V$、$K_n = 0.1mA/V^2$。现要求该电路中 FET 的 $I_{DQ} = 1.6mA$,试求 R_d 的值。

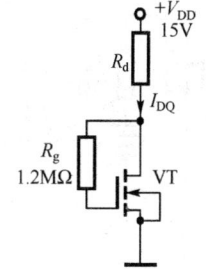

图 4.5.6 习题 4.5.9 电路图

解：

4.5.10 电路如图 4.5.7 所示，已知场效应管 VT 的 $U_{th} = 2V$，$U_{(BR)DS} = 16V$、$U_{(BR)GS} = 30V$，当 $U_{GS} = 4V$、$U_{DS} = 5V$ 时，$I_D = 9mA$。请分析这 4 个电路中的场效应管各工作在什么状态（截止、恒流、可变电阻、击穿）。

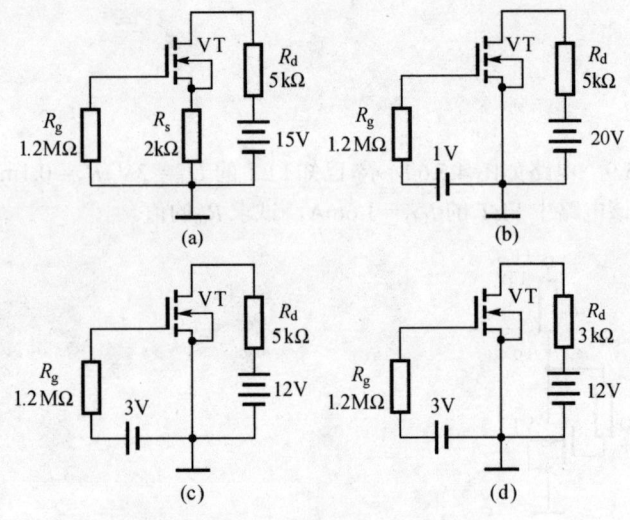

图 4.5.7 习题 4.5.10 电路图

解：

4.5.11 图 4.5.8 所示场效应管工作于放大状态，r_{ds} 忽略不计，电容对交流视为短路，跨导为 $g_m = 1mS$。（1）画出电路的交流小信号等效电路；（2）求电压放大倍数 $\dot{A}_u$ 和源电压放大倍数 $\dot{A}_{us}$；（3）求输入电阻 R_i 和输出电阻 R_o。

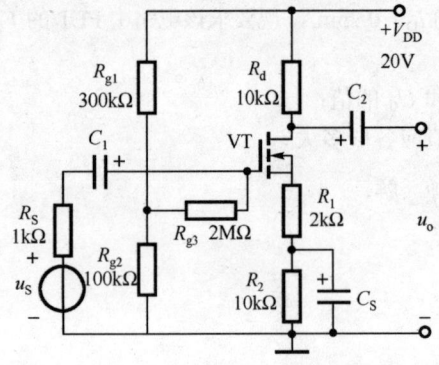

图 4.5.8 习题 4.5.11 电路图

解：

4.5.12 电路如图 4.5.9 所示,已知 FET 在 Q 点处的跨导 $g_m = 2\text{mS}$,试求该电路的 $\dot{A}_u$、R_i 和 R_o 值。

解:

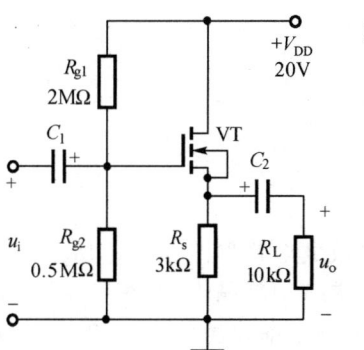

图 4.5.9 习题 4.5.12 电路图

4.5.13　由于功率放大电路中的晶体管常处于接近极限工作的状态，因此，在选择晶体管时必须特别注意哪 3 个参数？

解：

4.5.14　双电源互补对称功率放大电路如图 4.5.10 所示，设 $V_{CC}=12V$，$R_L=16\Omega$，u_i 为正弦波。求：（1）在晶体管的饱和压降 U_{CES} 可以忽略的情况下，负载上可以得到的最大输出功率 P_{om}；（2）每个晶体管的耐压 $|U_{(BR)CEO}|$ 应大于多少？（3）这种电路会产生何种失真？为改善上述失真，应在电路中采取什么措施？

解：

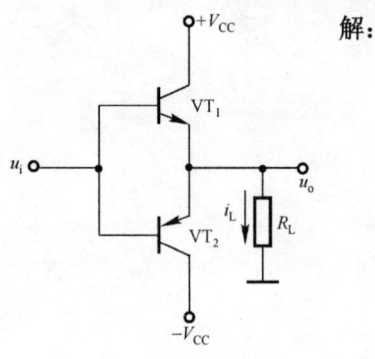

图 4.5.10　习题 4.5.14 电路图

4.5.15　一个单电源互补对称功放电路如图 4.5.11 所示，设 $V_{CC}=12V$，$R_L=8\Omega$，C 的电容量很大，u_i 为正弦波。在忽略晶体管饱和压降 U_{CES} 的情况下，试求该电路的最大输出功率 P_{om}。

解：

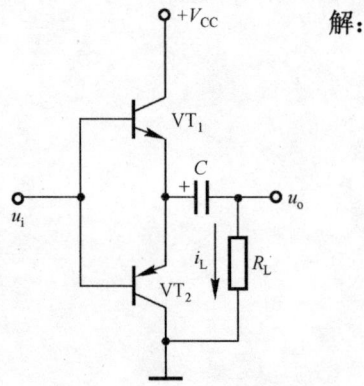

图 4.5.11　习题 4.5.15 电路图

4.5.16　在图 4.5.12 所示的电路中，已知 $V_{CC}=16V$，$R_L=4\Omega$，u_i 为正弦波，输入电压足够大，在忽略晶体管饱和压降 U_{CES} 的情况下，试求：（1）最大输出功率 P_{om}；（2）晶体管的最大管耗 P_{CM}；（3）若晶体管饱和压降 $U_{CES}=1V$，最大输出功率 P_{om} 和 η。

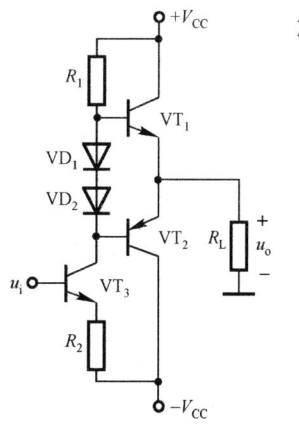

图 4.5.12　习题 4.5.16 电路图

解：

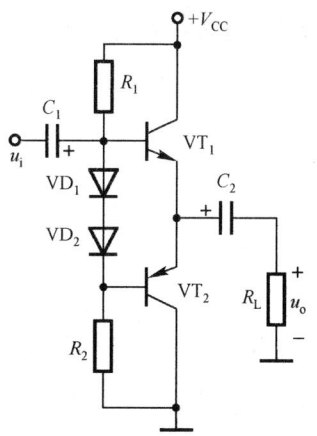

图 4.5.13　习题 4.5.17 电路图

4.5.18　图 4.5.14 中哪些接法可以构成复合管？哪些等效为 NPN 管？哪些等效为 PNP 管？

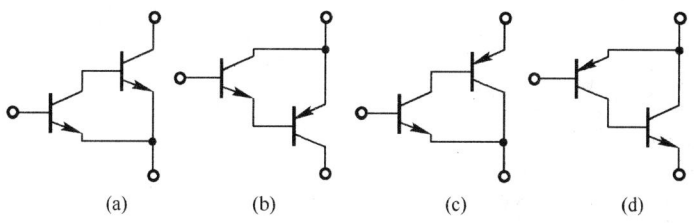

图 4.5.14　习题 4.5.18 图

解：

4.5.17　在图 4.5.13 所示的单电源互补对称电路中，已知 $V_{CC}=24\text{V}$，$R_L=8\Omega$，流过负载电阻的电流为 $i_o=0.5\cos\omega t(\text{A})$。求：（1）负载上所能得到的功率 P_o；（2）电源供给的功率 P_V。

4.5.19 图 4.5.15 所示电路中，三极管 $\beta_1 = \beta_2 = 50$，$U_{BE1} = U_{BE2} = 0.6\text{V}$。

（1）求静态时，复合管的 I_C、I_B、U_{CE}；

（2）说明复合管属于何种类型的三极管；

（3）求复合管的 β。

解：

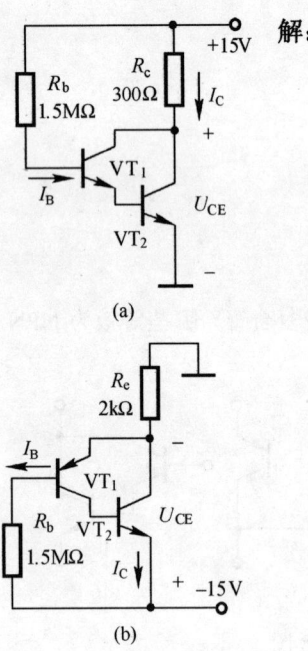

图 4.5.15 习题 4.5.19 电路图

第 5 章 电子电路中的反馈

5.1 知识要点总结

一、反馈的基本概念

1. 定义

将放大电路输出回路的输出量（电压或电流）通过反馈网络，部分或全部馈送到输入回路中，并能够影响其输入量（输入电压或电流），从而影响放大电路的输出量，这种电压或电流的回送过程称为反馈。

放大电路引入反馈后，组成反馈放大电路，图 5.1.1 所示为反馈放大电路的方框图，由基本放大电路、反馈网络和比较环节组成。开环放大倍数 $\dot{A}$、反馈系数 $\dot{F}$ 和闭环放大倍数 $\dot{A}_f$ 的定义为

$$\dot{A} = \frac{\dot{X}_o}{\dot{X}_{id}} \qquad \dot{F} = \frac{\dot{X}_f}{\dot{X}_o} \qquad \dot{A}_f = \frac{\dot{X}_o}{\dot{X}_i}$$

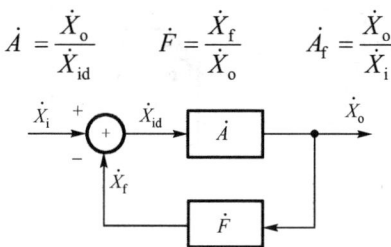

图 5.1.1 反馈放大电路的方框图

开环放大倍数 $\dot{A}$ 和闭环放大倍数 $\dot{A}_f$ 的关系为

$$\dot{A}_f = \frac{\dot{A}}{1 + \dot{A}\dot{F}} \tag{5.1.1}$$

2. 反馈的类型

（1）按反馈极性分

负反馈：反馈信号 $\dot{X}_f$ 消弱原输入信号 $\dot{X}_i$，使得净输入信号 $\dot{X}_{id} < \dot{X}_i$，多用于改善放大器的性能。

正反馈：反馈信号 $\dot{X}_f$ 增强原输入信号 $\dot{X}_i$，使得净输入信号 $\dot{X}_{id} > \dot{X}_i$，多用于振荡电路中。

（2）按交、直流性质分

直流反馈：反馈信号 $\dot{X}_f$ 为直流，用于稳定静态工作点。

交流反馈：反馈信号 $\dot{X}_f$ 为交流，用于改善放大电路的动态性能。

（3）按输出端取样方式分

电压反馈：在输出端，反馈网络与基本放大电路并联，反馈信号取自负载上的输出电压，此时，$\dot{X}_o$ 应用 $\dot{U}_o$ 表示。

电流反馈：在输出端，反馈网络与基本放大电路串联，反馈信号取自流过负载的输出电流，此时，$\dot{X}_o$ 应用 $\dot{I}_o$ 表示。

（4）按输入端连接方式分

串联反馈：在输入端，反馈网络与基本放大电路串联，反馈信号 $\dot{X}_f$ 以电压 $\dot{U}_f$ 的形式出现，并在输入端进行电压比较，即 $\dot{U}_{id} = \dot{U}_i - \dot{U}_f$。

并联反馈：在输入端，反馈网络与基本放大电路并联，反馈信号 $\dot{X}_f$ 以电流 $\dot{I}_f$ 的形式出现，并在输入端进行电流比较，即 $\dot{I}_{id} = \dot{I}_i - \dot{I}_f$。

综上所述，负反馈电路有 4 种类型：电压串联、电压并联、电流串联和电流并联。

二、负反馈对放大电路性能的影响

1. 使放大倍数降低

负反馈的 $|1+\dot{A}\dot{F}|>1$,由式(5.1.1)可知,$|\dot{A}_f|<|\dot{A}|$,即引入负反馈后,放大电路的放大倍数减小了。

2. 提高放大倍数的稳定性

引入负反馈后,闭环放大倍数的相对变化量 $\mathrm{d}A_f/A_f$ 只是未加反馈时开环放大倍数相对变化量 $\mathrm{d}A/A$ 的 $1/(1+AF)$

$$\frac{\mathrm{d}A_f}{A_f}=\frac{1}{(1+AF)}\cdot\frac{\mathrm{d}A}{A}$$

3. 减小非线性失真

4. 展宽通频带

5. 影响放大电路的输入、输出电阻

串联负反馈:使输入电阻增大。
并联负反馈:使输入电阻减小。
电压负反馈:使输出电阻减小。
电流负反馈:使输出电阻增大。

三、正弦波产生电路

1. 正弦波振荡电路的振荡条件

(1) 平衡条件:$\dot{A}\dot{F}=1\begin{cases}|\dot{A}\dot{F}|=1\text{(振幅平衡条件)}\\\varphi_A+\varphi_F=2n\pi\text{(相位平衡条件)}\end{cases}$

(2) 起振条件:$\dot{A}\dot{F}>1\begin{cases}|\dot{A}\dot{F}|>1\text{(振幅起振条件)}\\\varphi_A+\varphi_F=2n\pi\text{(相位起振条件)}\end{cases}$

相位条件实际上是正反馈条件,因此判断一个电路是否能产生振荡,首先要判断该电路是否有正反馈,判断时采用瞬时极性法。

2. RC 文氏桥正弦波振荡电路

RC 文氏桥正弦波振荡电路是采用 RC 串并联网络作为选频网络的正弦波振荡电路。RC 串并联网络的电压传输特性为

$$\dot{F}=\frac{1}{3+\mathrm{j}\left(\dfrac{f}{f_0}-\dfrac{f_0}{f}\right)}$$

当 $f=f_0=\dfrac{1}{2\pi RC}$ 时,幅值出现最大值,$|F|_{\max}$ 为 1/3,而相移 φ_F 为零。

RC 文氏桥正弦波振荡电路如图 5.1.2 所示。该电路的振荡频率 $f_0=\dfrac{1}{2\pi RC}$,起振条件 $R_f>2R_1$,可选用热敏电阻作为稳幅措施,即选用 R_1 为正温度系数的热敏电阻或选用 R_f 为负温度系数的热敏电阻。

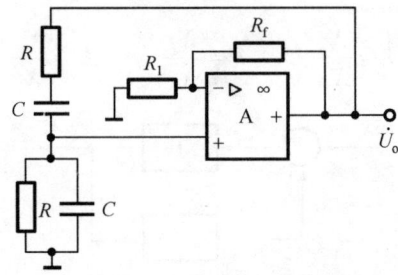

图 5.1.2 RC 文氏桥正弦波振荡电路

5.2 本章内容的重点及难点

（1）反馈的基本概念，反馈极性及类型的判断。
（2）负反馈对放大器性能的影响。
（3）正弦波振荡电路的振荡条件和电路的组成。
（4）RC 文氏桥振荡电路的组成、振荡频率、起振条件、稳幅措施。

5.3 重点分析方法及步骤

判别反馈的方法有以下几种。

1. 有无反馈的判别

看有无连接放大电路输出回路和输入回路的连线、反馈元件或反馈网络，且是否由此对净输入信号的大小产生影响。

2. 反馈类型的判别

（1）短路法

判断电压反馈与电流反馈：将放大电路交流通路输出端对地短路，若反馈不再起作用，则为电压反馈，否则为电流反馈。

判断串联反馈与并联反馈：将放大电路交流通路输入端对地短路，若反馈作用消失，则为并联反馈，否则为串联反馈。

（2）根据电路结构判断

若基本放大电路的输出端、反馈网络和负载三者并接在一起，则为电压反馈，否则为电流反馈。

若基本放大电路的输入端、反馈网络和输入信号源三者并接在一起，则为并联反馈，否则为串联反馈。

3. 正、负反馈的判别

瞬时极性法判断的步骤如下：

（1）假设输入电压瞬时极性为（+）→经基本放大电路，判断输出电压的瞬时极性为（+）还是为（−）→经反馈网络判断反馈信号 $\dot{X}_f$ 的瞬时极性是（+）还是为（−）。

（2）比较 $\dot{X}_i$ 与 $\dot{X}_f$ 的极性，若 $\dot{X}_i$ 与 $\dot{X}_f$ 同相，使得 $\dot{X}_{id} = \dot{X}_i - \dot{X}_f$ 减小，则为负反馈，否则为正反馈。

注意：串联反馈与并联反馈比较的电量不同：若是串联反馈，则可以直接利用电压极性进行比较（$\dot{U}_{id} = \dot{U}_i - \dot{U}_f$）；若是并联反馈，则需要根据有关电压的瞬时极性，标出相应电流的流向，然后再用电流进行比较（$\dot{I}_{id} = \dot{I}_i - \dot{I}_f$）。

5.4 填空题和选择题

一、填空题

5.4.1 反馈放大电路是一个由基本放大电路和_____构成的闭合环路。

5.4.2 欲得到电流-电压转换电路，应在放大电路中引入_____负反馈；欲将电压信号转换成与之成比例的电流信号，应在放大电路中引入_____负反馈；欲减小电路从信号源索取的电流，减小输出电阻，应在放大电路中引入_____负反馈；欲从信号源获得更大的电流，并稳定输出电流，应在放大电路中引入_____负反馈。

5.4.3 负反馈对放大电路工作性能的影响是_____（增大、降低）放大电路的放大倍数，提高它的稳定性。

5.4.4 在放大电路中，为了稳定静态工作点，可以引入_____负反馈。

5.4.5 放大电路引入负反馈后，设反馈系数为 F，则电路的闭环

增益 A_f 与开环增益 A 之间的关系是 $A_f=$_____。若电路满足深度负反馈条件，则 $A_f\approx$_____。

5.4.6 电压负反馈能稳定输出电压，电流负反馈能稳定_____。

5.4.7 已知当放大电路输入电压为 1mV 时，输出电压为 1V，加入负反馈后，为达到同样输出时的输入电压为 10mV，该电路引入反馈后的电压增益为_____，反馈系数约为_____。

5.4.8 图 5.4.1 所示的反相比例电路引入_____负反馈，如果增大电阻 R_f，则该电路的放大倍数将_____（增大、减小），通频带将_____（增大、减小）。

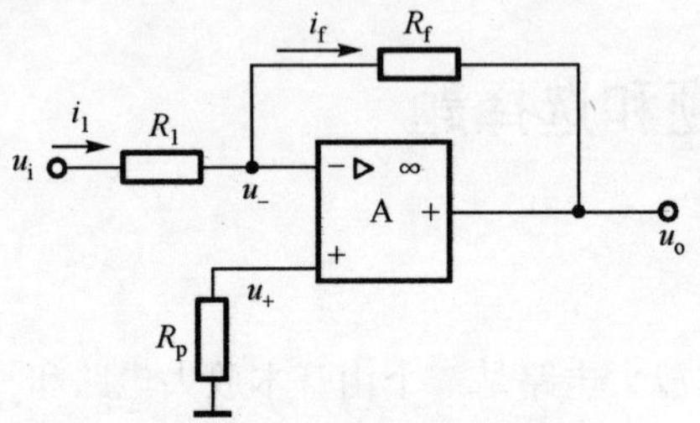

图 5.4.1 题 5.4.8 图

5.4.9 正弦波振荡电路产生振荡的相位平衡条件为_____，幅值平衡条件为_____。

二、选择正确的答案填空

5.4.10 对于放大电路，所谓开环是指_____。
A．无信号源　B．无反馈通路　C．无电源　D．无负载

5.4.11 对于放大电路，所谓闭环是指_____。
A．考虑信号源内阻　　　　B．存在反馈通路
C．接入电源　　　　　　　D．接入负载

5.4.12 在输入量不变的情况下，若引入反馈后_____，则说明引入的反馈是负反馈。

A．输入电阻增大　　　　　B．输出量增大
C．净输入量增大　　　　　D．净输入量减小

5.4.13 直流负反馈是指_____。
A．直接耦合放大电路中所引入的负反馈
B．放大直流信号时才有的负反馈
C．在直流通路中的负反馈
D．只存在于阻容耦合电路中的负反馈

5.4.14 交流负反馈是指_____的反馈。
A．交流闭环放大倍数变小　B．交流闭环放大倍数为负数
C．交流闭环放大倍数变大

5.4.15 要增大放大器的输入电阻及输出电阻，应引入_____负反馈。
A．电流并联　　　　　　　B．电压串联
C．电流串联　　　　　　　D．电压并联

5.4.16 构成反馈通路的元器件_____。
A．只能是三极管、集成运放等有源器件
B．只能是电阻元件
C．只能是无源器件
D．可以是无源器件，也可以是有源器件

5.4.17 正弦波振荡器的起振条件是_____。
A．$\dot{A}\dot{F}=1$　B．$\dot{A}\dot{F}>1$　C．$\dot{A}\dot{F}<1$　D．$\dot{A}\dot{F}=-1$

5.4.18 RC 串并联选频网络与_____可能构成正弦波振荡电路。
A．单管共射极放大电路　　B．共集电极放大电路
C．运放构成的同相比例电路　D．运放构成的反相比例电路

5.5 习题 5

5.5.1 什么叫反馈？负反馈有哪几种类型？

解：

5.5.2 负反馈放大电路一般由哪几部分组成？试用方框图说明它们之间的关系。

解：

5.5.3 在图 5.5.1 所示的各电路中，请指明反馈网络是由哪些元件组成的，判断引入的是正反馈还是负反馈？是直流反馈还是交流反馈？设所有电容对交流信号可视为短路。

解：

5.5.4 试判断图 5.5.1 所示的各电路的交流反馈组态。

解：

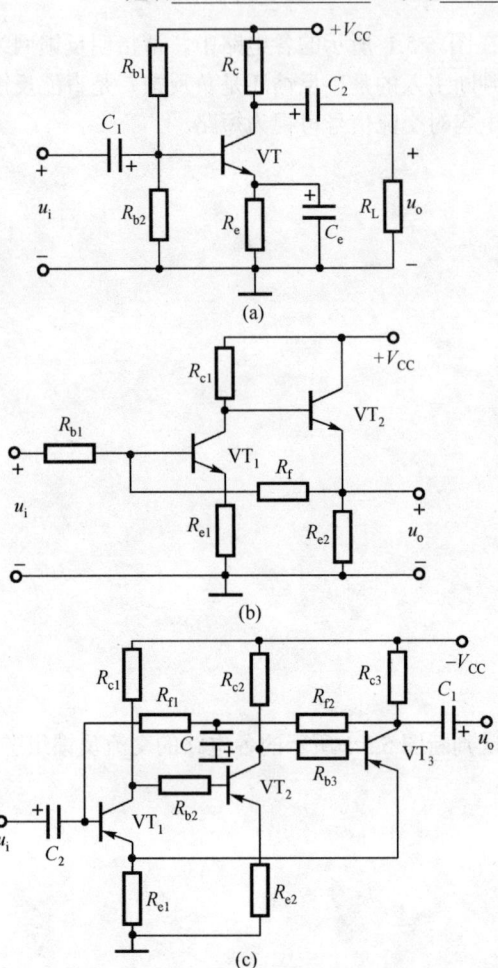

图 5.5.1　习题 5.5.3 和习题 5.5.4 电路图

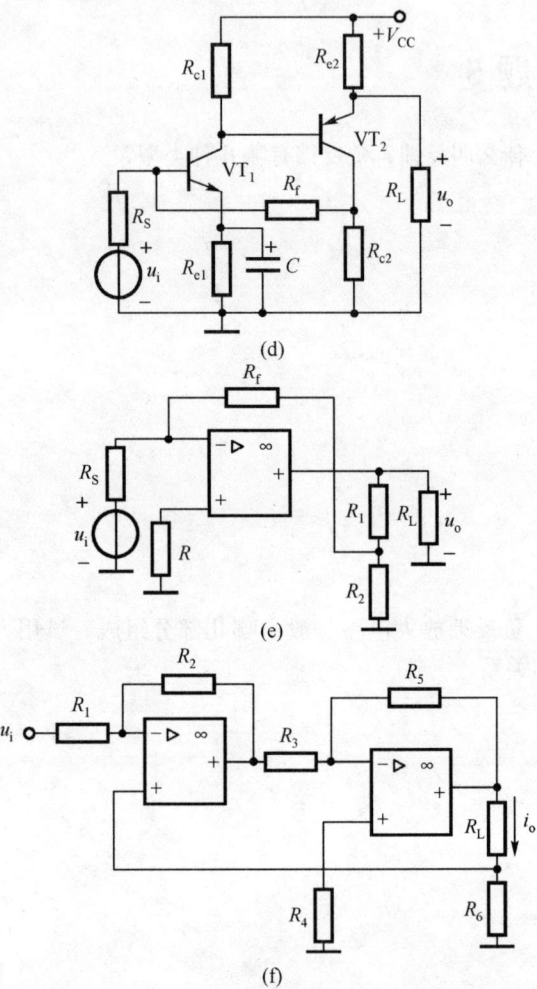

图 5.5.1　习题 5.5.3 和习题 5.5.4 电路图（续）

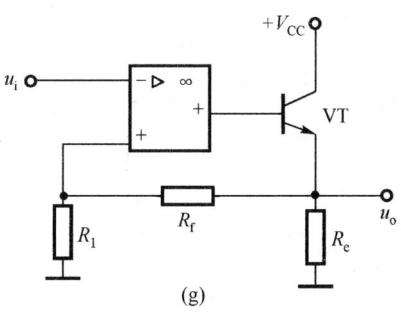

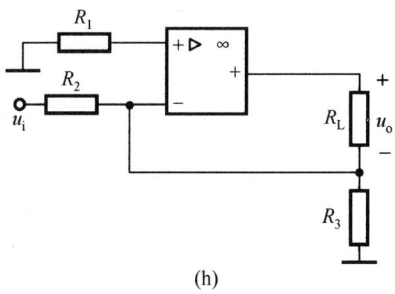

图 5.5.1 习题 5.5.3 和习题 5.5.4 电路图（续）

5.5.5 某反馈放大电路的方框图如图 5.5.2 所示，已知其开环电压增益 $A_u = 2000$，反馈系数 $F_u = 0.0495$。若输出电压 $U_o = 2V$，求输入电压 U_i、反馈电压 U_f 及净输入电压 U_{id} 的值。

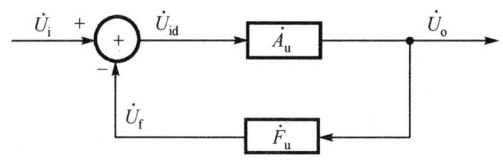

图 5.5.2 习题 5.5.5 电路图

解：

5.5.6 一个放大电路的开环增益为 $A_{uo} = 10^4$，当它连接成负反馈放大电路时，其闭环电压增益为 $A_{uf} = 60$，若 A_{uo} 变化 10%，问 A_{uf} 变化了多少？

解：

5.5.7 某电压负反馈的放大器采用一个增益为 100V/V 且输出电阻为 1000Ω 的基本放大器，反馈放大器的闭环输出电阻为 100Ω。确定其闭环增益。

解：

5.5.8 某电压串联负反馈放大器采用一个输入与输出电阻均为1kΩ且增益 $A = 2000$V/V 的基本放大器。反馈系数 $F = 0.1$V/V。求闭环放大器的增益 A_{uf}、输入电阻 R_{if} 和输出电阻 R_{of}。

解：

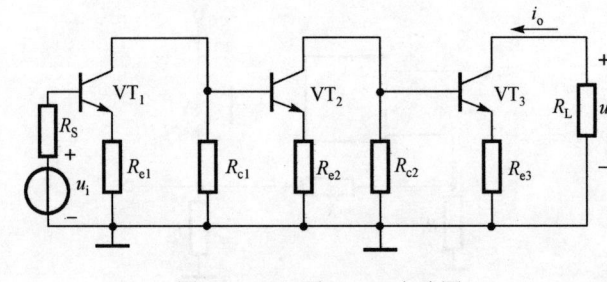

图 5.5.3 习题 5.5.10 电路图

解：

5.5.9 为了满足下列要求，在放大电路中应当分别引入什么类型的负反馈？
（1）某放大电路的信号源内阻很小，要求有稳定的输出电压；
（2）要求得到一个电流控制的电流源。

解：

5.5.10 在图 5.5.3 所示的多级放大电路的交流通路中，按下列要求分别接成所需的负反馈放大电路：（1）电路参数变化时，u_o 变化不大，并希望有较小的输入电阻 R_{if}；（2）当负载变化时，i_o 变化不大，并希望放大器有较大的输入电阻 R_{if}。

5.5.11 试指出图 5.5.4 所示电路能否实现 $i_L = \dfrac{u_i}{R}$ 的压控电流源的功能。若不能，应该如何改正？

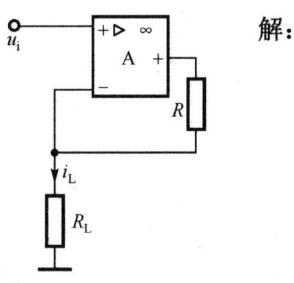

解：

图 5.5.4 习题 5.5.11 电路图

5.5.12 反馈放大电路如图 5.5.5 所示：（1）指明级间反馈元件，并判别反馈类型和性质；（2）若要求放大电路有稳定的输出电流，应如何改接 R_f？请在电路图中画出改接的反馈路径，并说明反馈类型。

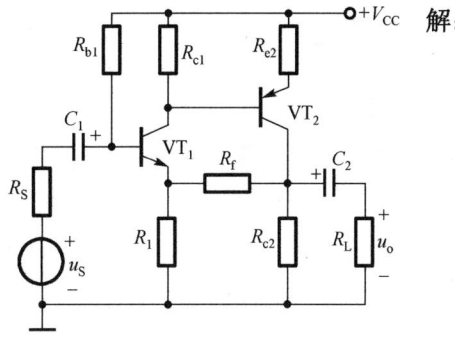

图 5.5.5 习题 5.5.12 电路图

5.5.13 电路如图 5.5.6 所示，A 是放大倍数为 1 的隔离器。（1）指出电路中的反馈类型（正或负、交流或直流、电压或电流、串联或并联）；（2）试从静态与动态量的稳定情况（如稳定静态工作点、稳定输出电压或电流、输入与输出电阻的大小及对信号源内阻的要求等方面）分析电路有什么特点。

解：

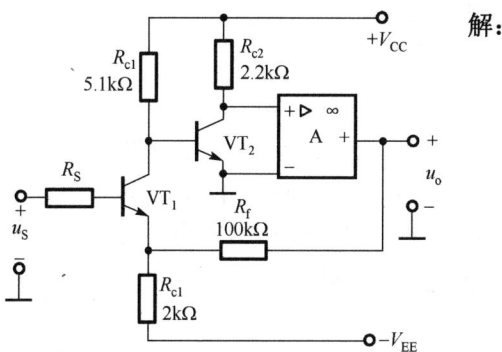

图 5.5.6 习题 5.5.13 电路图

5.5.14 电路如图 5.5.7 所示：（1）保证电路振荡，求 R_p 的最小值；（2）求振荡频率 f_0 的调节范围。

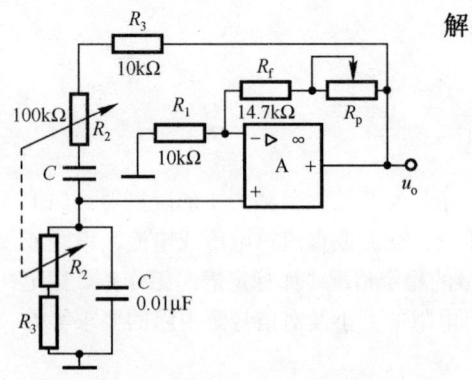

图 5.5.7 习题 5.5.14 电路图

解：

5.5.15 如图 5.5.8 所示各元器件：（1）请将各元器件正确连接，组成一个 RC 文氏桥正弦波振荡器；（2）若 R_1 短路，电路将产生什么现象？（3）若 R_1 断路，电路将产生什么现象？（4）若 R_f 短路，电路将产生什么现象？（5）若 R_f 断路，电路将产生什么现象？

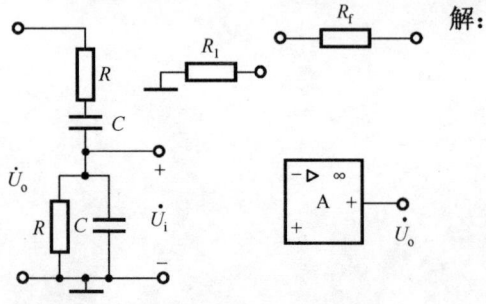

图 5.5.8 习题 5.5.15 电路图

解：

5.5.16 图 5.5.9 所示为正弦波振荡电路，已知 A 为理想运放。
（1）已知电路能够产生正弦波振荡，为使输出波形频率增大，应如何调整电路参数？
（2）已知 $R_1 = 10\text{k}\Omega$，若产生稳定振荡，则 R_f 约为多少？
（3）已知 $R_1 = 10\text{k}\Omega$，$R_f = 15\text{k}\Omega$，电路产生什么现象？简述理由。
（4）若 R_f 为热敏电阻，则其温度系数是正还是负？

解：

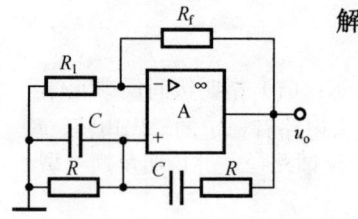

图 5.5.9 习题 5.5.16 电路图

第6章 门电路与组合逻辑电路

6.1 知识要点总结

一、逻辑代数的基本知识

最基本的逻辑关系有：与逻辑、非逻辑、或逻辑。逻辑代数的特点如下。

（1）有些逻辑代数在运算公式和形式上与普通代数的运算公式相同，但是二者所代表的物理意义有本质的不同。

（2）逻辑代数中的逻辑变量用字母表示，取值不是0就是1，该值并不表示具体数量的大小，而是表示两种不同的逻辑状态。逻辑运算表示的是逻辑变量及常量之间逻辑状态的推理运算，而不是数量之间的运算。

逻辑代数的基本运算法则如表6.1.1所示。

表6.1.1 逻辑代数的基本运算法则

序号	基本定律		
1	0-1律	$A \times 0 = 0$ $A \times 1 = A$	$A + 1 = 1$ $A + 0 = A$
2	重叠律	$AA = A$	$A + A = A$
3	互补律	$A\bar{A} = 0$	$A + \bar{A} = 1$
4	交换律	$AB = BA$	$A + B = B + A$
5	结合律	$ABC = A(BC) = (AB)C$ $A + B + C = A + (B + C) = (A + B) + C$	
6	分配律	$A(B + C) = AB + AC$ $A + BC = (A + B)(A + C)$	
7	吸收律	$A + AB = A$	$A + \bar{A}B = A + B$
8	还原律	$\bar{\bar{A}} = A$	
9	反演律（摩根定律）	$\overline{AB} = \bar{A} + \bar{B}$	$\overline{A + B} = \bar{A} \cdot \bar{B}$
10	消去律	$AB + A\bar{B} = A$	

二、逻辑函数及其表示方法

逻辑函数常用的表示方法有真值表、逻辑函数式、逻辑图、波形图、卡诺图。这些方法以不同的形式表示同一个逻辑函数，因此，这些方法之间可以相互转换。

（1）真值表：描述逻辑函数输入变量取值的所有组合和输出值之间对应关系的表格。

（2）逻辑函数表达式：逻辑变量按一定的运算规律组成的数学表达式称为逻辑函数表达式，即采用与、或、非等逻辑运算的组合来表示逻辑函数输出变量与输入变量之间的逻辑关系。给定函数的真值表只有一个，但是其逻辑表达式可以有多种。

（3）逻辑图：将逻辑函数表达式中各变量之间的逻辑关系用相应的逻辑符号表示出来，即可以得到表示输入与输出之间函数关系的逻辑图。

（4）波形图：将逻辑电路各输入端的波形与同一时刻所对应的输出波形在同一时间坐标上表示出来。波形图可以直观地表示电路的逻辑关系。

（5）卡诺图：使用卡诺图可以比较方便地化简逻辑函数表达式。

三、门电路

门电路是数字电路中最基本的逻辑元件，有由二极管和晶体管组成的与门、或门、非门、与非门等分立元件逻辑门，也有集成逻辑门，如晶体管组成的 TTL 逻辑门，MOS 管组成的 CMOS 逻辑门。表 6.1.2 列出了基本门电路的逻辑函数、逻辑符号及其逻辑功能。

表 6.1.2 基本门电路的逻辑函数表达式、逻辑符号及功能

名称	逻辑函数表达式	逻辑符号	逻辑功能
与门	$Y = A \cdot B$	A、B 输入，& ，Y 输出	有 0 出 0 全 1 出 1
或门	$Y = A + B$	A、B 输入，≥1，Y 输出	有 1 出 1 全 0 出 0
非门	$Y = \overline{A}$	A 输入，1，Y 输出	有 0 出 1 有 1 出 0
与非门	$Y = \overline{A \cdot B}$	A、B 输入，&，Y 输出	有 0 出 1 全 1 出 0
或非门	$Y = \overline{A + B}$	A、B 输入，≥1，Y 输出	有 1 出 0 全 0 出 1
异或门	$Y = A \oplus B$	A、B 输入，=1，Y 输出	输入相异出 1 输入相同出 0

四、逻辑函数的化简方法

1．逻辑代数化简法

逻辑代数化简即熟练使用表 6.1.1 中列出的各种定律、规则和公式，消去函数式中的多余项，以求得最简的逻辑表达式。根据所用公式的不同，可以归纳为并项、吸收、消去、配项 4 种方法。在实际的逻辑化简中，常常需要综合使用这 4 种方法。

逻辑代数化简法的优点是它的使用不受任何条件的限制。但这种方法没有固定的步骤可循，必须要对逻辑代数的规则和公式十分熟悉，在化简过程中灵活使用，而且还需要有一定的运算技巧和经验。

2．卡诺图化简法

卡诺图化简是根据卡诺图最小项间的"几何相邻"与"逻辑相邻"的一致性，在卡诺图中直观地找到具有逻辑相邻性的最小项进行合并，消去相同因子。应用卡诺图化简逻辑函数的步骤如下。

（1）画出 n 变量卡诺图，然后找出逻辑式中的最小项（或逻辑状态表中取值为 1 的最小项），分别用 1 填入对应的小方框格内。对于逻辑式中未出现的最小项，则填 0 或者不填。

（2）将取值为 1 的相邻小方格圈起来，所圈取值为 1 的相邻小方格个数应为 2^n（$n=0,1,2,3\cdots$）。相邻的方格包括最上行与最下行、最左列与最右列同列或同行两端的两个小方格。

（3）圈的个数应最少，圈内的方格应尽可能多，每圈一个新的圈时，必须包含至少一个在已圈过的圈中未出现的最小项，否则重复而得不到最简式。每个取值为 1 的小方格可被圈多次，但不能遗漏。

（4）相邻的项合并，即保留一个圈内最小项的相同变量，而去除相反的量。

（5）将合并的结果相加，即为所求的最简与或式。

卡诺图化简法的优点是简单、直观，有简化步骤可循，在化简过程中也易于避免错误。但是当逻辑变量超过 5 个时，卡诺图方法失去简单、直观的优点，没有太大的实用意义。

五、常用的组合逻辑电路

常用的组合逻辑电路有加法器、编码器和译码器。

1. 加法器

（1）半加器

半加器是只考虑本位加数与被加数、不考虑低位进位的组合逻辑电路。因此只有 A、B 两个输入，输出 S 表示两个数的半加和，C 为进位。

（2）全加器

全加器是除了最低位外，其他位不仅要考虑本位加数 A_i 和 B_i，还需要考虑来自低位的进位 C_{i-1}，将这 3 个数相加，得出本位和数 S_i 和进位数 C_i。

2. 编码器

（1）二进制编码器

用 n 位二进制代码对 2^n 个信号进行编码的电路，称为二进制编码器。例如，3 位二进制代码可以对 8 个信号进行编码，这种编码器通常称为 8 线-3 线编码器。设编码对象为 N，二进制代码为 n 位，则二进制编码应满足 $N \leq 2^n$。

（2）二-十进制编码器

二-十进制的编码器是将十进制 0~9 这 10 个数码编成二进制代码的电路。输入的是 0~9 这 10 个数码，输出的是对应的 4 位二进制代码（2^4=16>10），简称 BCD 码。4 位二进制代码共有 16 种状态，其中任意 10 种均可表示 0~9 这 10 个数码，最常用的编码方式为 8421。

（3）优先编码器

优先译码器允许多个输入信号同时有效，但是只按其中优先级别最高的有效输入信号编码，对级别较低的输入信号不予理睬。计算机的键盘编码电路采用的就是优先编码器。

3. 译码器

（1）二进制译码器

译码和编码的过程相反，是将二进制代码（输入）按其编码时的原意译成对应的信号或十进制数码（输出）。二进制的译码器有 n 个输入端，2^n 个输出端，常见的译码器有 2-4 译码器、3-8 译码器和 4-16 译码器。以 3-8 译码器为例，要把输入的一组 3 位二进制代码译成对应的 8 个输出信号，最常用的译码器为 74LS138。

（2）显示译码器

显示译码器是用来驱动显示器件以显示数字或字符的部件。常用的发光二极管数码管、液晶数码管、荧光数码管等是由 7 或 8 个字段构成字形，因而与之相配的有 BCD 七段或八段显示译码器。BCD 七段译码器的输入是一位 BCD 码，输出是数码管各段的驱动信号，也称 4-7 译码器。如用其驱动共阴极数码管，则输出 1，相应的显示段发光。

6.2 本章重点与难点

（1）逻辑函数不同描述方法之间的转换。
（2）逻辑函数的逻辑代数化简法。
（3）组合逻辑电路的分析和设计。
（4）加法器、编码器和译码器的逻辑功能与应用。

6.3 重点分析方法与步骤

一、组合逻辑电路的分析

组合逻辑电路的分析，即根据给定的组合电路的结构，分析其工作特性和逻辑功能，其步骤如下：

（1）写出逻辑函数表达式，根据逻辑图，从输入到输出逐级写出逻辑表达式，得到输出与输入之间的逻辑函数式；

（2）将逻辑函数表达式进行化简，求出最简逻辑函数式；

（3）根据化简后的逻辑函数式，列出真值表；

（4）根据逻辑函数式或真值表，确定逻辑电路的功能。

二、组合逻辑电路的设计

组合逻辑电路的设计，即根据给定的实际逻辑问题，设计能实现预期逻辑功能的最简逻辑电路。一般的步骤如下：

（1）将实际问题逻辑抽象化，确定输入和输出变量，并定义其逻辑状态，对逻辑状态赋值；

（2）列出真值表；

（3）根据真值表写出函数表达式，并化简成相应形式的最简逻辑表达式，根据已有的器件，将逻辑函数的形式进行适当变换；

（4）最后根据化简的函数式画出逻辑图。

6.4 填空题和选择题

一、填空题

6.4.1 一位十六进制数可以用_____位二进制数表示。

6.4.2 数字电路中，晶体三极管作为电子开关，必须工作在_____区和_____区。

6.4.3 十进制数 23 用 8421BCD 码表示为_____。

6.4.4 （1001 0111.0111）$_{8421BCD}$=（_____）$_{10}$。

6.4.5 逻辑代数有_____、_____、_____ 3 种基本运算。

6.4.6 门电路输出为_____电平时的负载为拉电流负载，输出为_____电平时的负载为灌电流负载。

6.4.7 三态门电路的三态分别为_____、_____ 和_____。

6.4.8 真值表如表 6.4.1 所示，此逻辑电路为_____。

表 6.4.1 习题 6.4.8 的表

A	B	Y
0	0	0
0	1	1
1	0	1
1	1	1

6.4.9 逻辑函数 $Y = AB + \overline{A}C + BC$ 化简为 Y=_____。

6.4.10 全加器是一种将低位来的_____和输入的两个二进制变量一起求和的组合电路。

6.4.11 组合逻辑电路中任意时刻的输出只取决于_____，与电路原来的状态无关。

6.4.12 8 线-3 线编码器有_____个输入端，_____个输出端。

二、选择正确的答案填空

6.4.13 在决定一事件结果的所有条件中只要有一个或一个以上满足时结果就发生，这种条件和结果的逻辑关系是_____。

A. 与　　　B. 或　　　C. 非　　　D. 异或

6.4.14 当决定一事件结果的所有条件都满足时结果才发生，这种条件和结果的逻辑关系是_____。

A. 与　　　B. 或　　　C. 非　　　D. 异或

6.4.15 在下列逻辑电路中，不是组合逻辑电路的有_____。

A. 寄存器　B. 编码器　C. 全加器　D. 译码器

6.4.16 走廊里有盏灯，在走廊两端各有一个开关，设计要求是任何一个开关均能使电灯点亮，则设计的电路为_____。

A. 与门电路　B. 非门电路　C. 或门电路　D. 与非门电路

6.4.17 一片 4 位二进制译码器，它的输出函数最多可以有_____。

A. 2个　　　B. 8个　　　C. 16个　　　D. 10个

6.4.18　编码器用5个二进制代码可以对_____个信号进行编码。
A. 16　　　B. 32　　　C. 64　　　D. 128

6.4.19　多余输入端可以悬空使用的门是_____。
A. TTL与非门　B. 与门　C. 或非门　D. CMOS与非门

6.4.20　图6.4.1所示为一个三输入的复合门电路，当C端输入为0时，A、B端的输入为_____时，输出端Y为1。

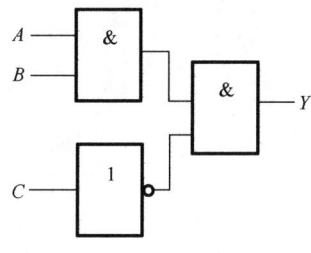

A. 0 0　　　B. 0 1　　　C. 1 0　　　D. 1 1

图6.4.1　习题6.4.20的图

6.4.21　逻辑函数表示方法中具有唯一性的是_____。
A. 真值表　　B. 逻辑表达式　　C. 卡诺图　　D. 逻辑图

6.4.22　若$Y = A\bar{B} + A\bar{C} = 1$，则ABC的取值为_____。
A. 001　　　B. 110　　　C. 011　　　D. 010

6.4.23　若$Y = AB + BC = 1$，则ABC的取值为_____。
A. 001　　　B. 110　　　C. 000　　　D. 010

6.4.24　一个3输入的与非门，使其输出为1的变量取值的组合有_____。
A. 8　　　B. 6　　　C. 7　　　D. 1

6.4.25　逻辑式$Y=A+B$可变换为_____。
A. $Y = \overline{\overline{A}\overline{B}}$　　　　　B. $Y = \overline{\overline{A}\overline{B}}$
C. $Y = \overline{AB}$　　　　　D. $Y = \overline{\overline{A}+\overline{B}}$

6.4.26　逻辑函数$Y = A \oplus (AB)$，欲使Y=1，则AB的取值为_____。
A. 00　　　B. 01　　　C. 10　　　D. 11

6.4.27　编码器的逻辑功能是_____。
A. 把某种二进制代码转换成某种输出状态
B. 将某种状态转换成相应的二进制代码
C. 把二进制数转换成十进制数
D. 把十进制数转换成二进制数

6.4.28　当74LS148的输入端$\overline{I_0} \sim \overline{I_7}$按顺序输入11011101时，输出$\overline{Y_2} \sim \overline{Y_0}$为_____。
A. 101　　　B. 010　　　C. 001　　　D. 110

6.5 习题 6

6.5.1 将十进制 64 转换成 BCD8421 码。

解：

6.5.2 求二进制数 11001.11 对应的 BCD8421 码。

解：

6.5.3 将下列八进制数转换为十进制数、二进制数和十六进制数。

（1）$(14)_8$　　（2）$(124)_8$　　（3）$(42.7)_8$

解：

6.5.4 用逻辑代数定理化简下列各式。

(1) $Y = AB(BC + A)$；

(2) $Y = \overline{A}\,\overline{B} + A\overline{B} + \overline{A}B + AB$；

(3) $Y = \overline{(A+\overline{B})(B+\overline{C})} + AB\overline{C}$；

(4) $Y = ABC + AC\overline{D} + A\overline{C} + CD$；

(5) $Y = A + \overline{B + \overline{\overline{C}}}(A+\overline{B}+C)(A+B+C)$。

解：

6.5.5 写出逻辑表达式 $Y = \overline{A\overline{B}CD} + AB\overline{C} + C\overline{D}$ 的真值表。

解：

6.5.6 用逻辑代数运算法则推证下列关系式成立。
（1） $A(\overline{A}+B)+B(B+C)=B$；
（2） $(A+B)(\overline{A}+B)+(C+\overline{D})(C+D)=B+C$；
（3） $\overline{A}+\overline{B}=\overline{AB}+\overline{AC}+\overline{BD}$；
（4） $(A+B)(B+D)(A+C)(C+D)=AD+BC$。

解：

6.5.7 应用卡诺图化简下列各式。
（1） $Y=\overline{ABC}+\overline{AB}\overline{C}+\overline{A}BC+AB\overline{C}$；
（2） $Y=A\overline{B}+B\overline{C}+\overline{A}C+\overline{A}B+\overline{B}C+A\overline{C}$；
（3） $Y=\overline{A}\,\overline{B}C+\overline{A}BC+AB\overline{C}+ABC$。

解：

6.5.8 根据表 6.5.1 所示的真值表写出函数的逻辑表达式。

表 6.5.1 习题 6.5.8 真值表

A	B	C	D	Y
0	0	0	0	0
0	0	0	1	0
0	0	1	0	1
0	0	1	1	1
0	1	0	0	0
0	1	0	1	0
0	1	1	0	1
0	1	1	1	1
1	0	0	0	0
1	0	0	1	1
1	0	1	0	1
1	0	1	1	1
1	1	0	0	0
1	1	0	1	0
1	1	1	0	1
1	1	1	1	1

解:

6.5.9 用代数法化简逻辑函数 $Y = \overline{\overline{AB}} + AC + B\overline{C} + A \oplus B$，写出其最简与或表达式。

解:

6.5.10 写出 $Y = A\overline{B} + AC = 1$ 时,满足等式的 A、B、C 的取值组合。

解：

6.5.11 TTL 三态门电路如图 6.5.1(a)所示,在图 6.5.1(b)所示的输入波形下,画出输出端 Y 的波形图。

6.5.12 写出图 6.5.2 所示逻辑电路输出的逻辑表达式。

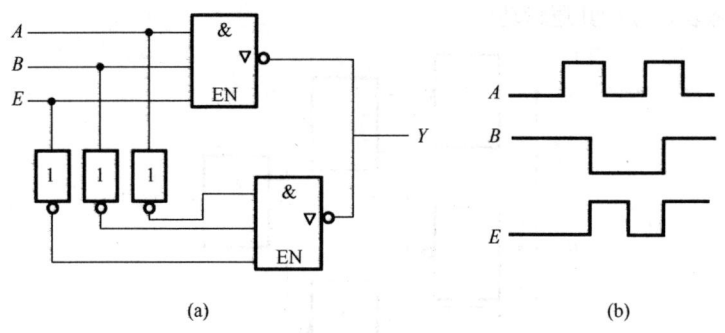

图 6.5.1 习题 6.5.11 图

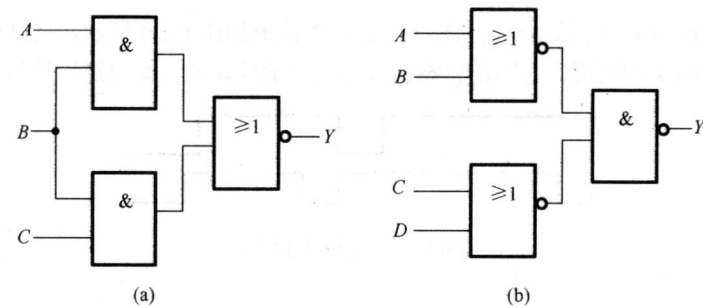

图 6.5.2 习题 6.5.12 图

解：

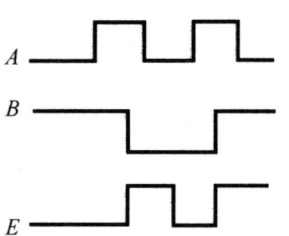

解：

6.5.13 写出图 6.5.3 所示逻辑图的逻辑函数式。

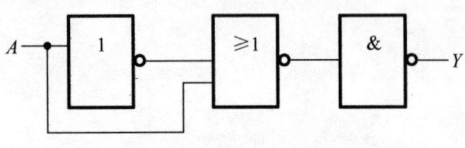

图 6.5.3 习题 6.5.13 图

解：

6.5.14 已知异或门两输入 A、B 的波形如图 6.5.4 所示，请画出输出端 Y 的波形，并写出状态表及异或门的逻辑式，画出逻辑符号。

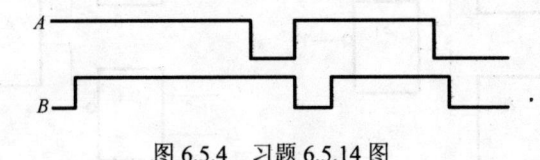

图 6.5.4 习题 6.5.14 图

解：

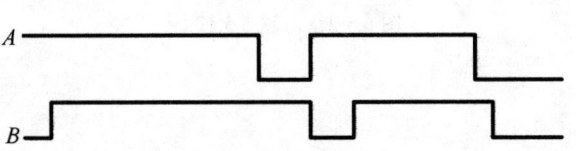

6.5.15 分析图 6.5.5 所示的电路，写出逻辑表达式，并列出逻辑状态表，分析其逻辑功能。

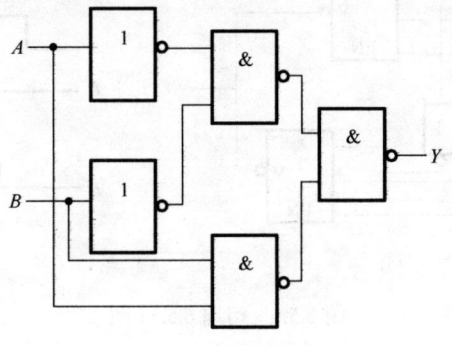

图 6.5.5 习题 6.5.15 图

解：

6.5.16 已知逻辑图和输入 A、B、C 的波形如图 6.5.6 所示，请画出输出 Y 的波形。

6.5.17 用与门、或门和非门实现下列逻辑函数：
（1）$Y = (A+B)(C+\overline{D})$；
（2）$Y = \overline{A\overline{B} + \overline{C}D}$。

解：

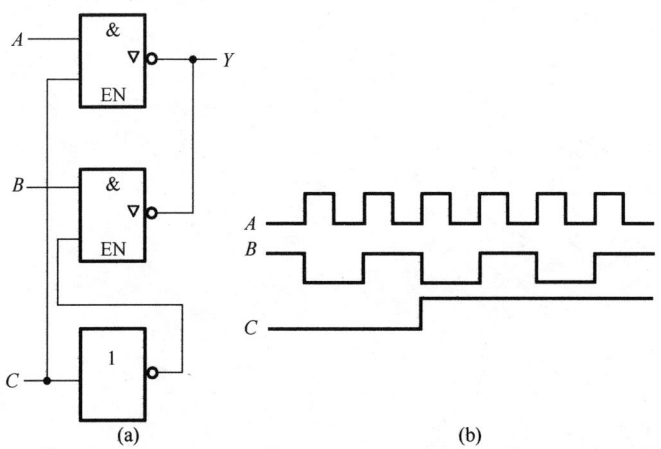

图 6.5.6　习题 6.5.16 图

解：

姓名_____ 学号_____ 班级_____ 序号_____

6.5.18 用与非门和非门实现下列逻辑函数，画出逻辑图。

（1） $Y = AB + CD$；

（2） $Y = (A + BC)\overline{CD}$；

（3） $Y = \overline{A\overline{B} + A\overline{C} + \overline{A}BC}$。

解：

6.5.19 工厂有两个温度计，当任何一个温度计超过 50℃时，报警的蜂鸣器响，请分析该电路用什么逻辑门实现，并画出逻辑电路图。

解：

6.5.20 图 6.5.7 所示为一个密码控制电路，输对密码，开锁信号为 1，开锁；输错密码，则报警信号为 1，接通警铃。试分析密码 *ABCD* 为多少。

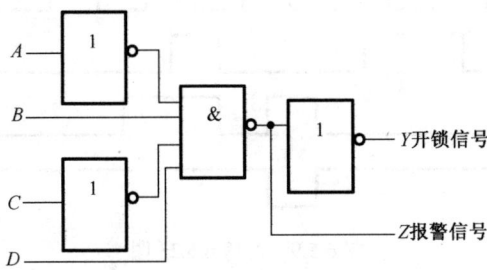

图 6.5.7 习题 6.5.20 图

解：

6.5.21 设计一个电灯控制电路，用走廊两头的开关 S_1 和 S_2 来控制电灯 Y，要求当 S_1 和 S_2 有一个开关合上时，电灯 Y 亮；当 S_1 和 S_2 都合上或 S_1 和 S_2 都断开时，电灯 Y 不亮。用 1 表示开关合上和电灯亮，用 0 表示开发断开和电灯不亮，用与非门实现电路。

解：

6.5.22 已知某组合电路的输入 A、B、C 和输出 Y 的波形如图 6.5.8 所示,试写出 Y 的表达式。

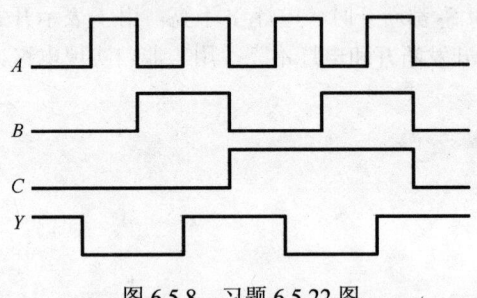

图 6.5.8 习题 6.5.22 图

解:

6.5.23 设计一个组合逻辑电路,其中输入 A、B、C 和输出 Y 的波形图如图 6.5.9 所示。

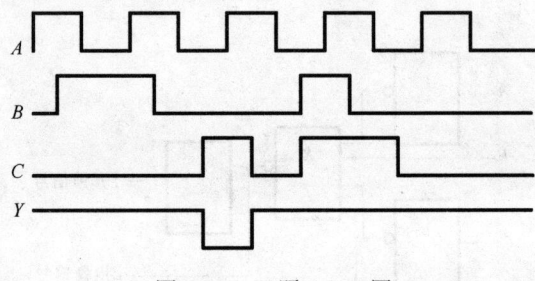

图 6.5.9 习题 6.5.23 图

解:

6.5.24 用3线-8线译码器74LS138和与非门组成的电路如图6.5.10所示，试写出其逻辑函数表达式并化简。

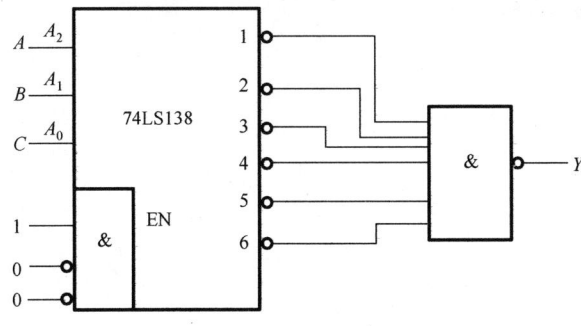

图 6.5.10 习题 6.5.24 图

解：

6.5.25 设计一个 4 线-2 线二进制编码器，输入信号为 I_3、I_2、I_1、I_0，输出的二进制代码用 Y_1 和 Y_0 表示。

解：

姓名＿＿＿＿＿＿　学号＿＿＿＿＿＿　班级＿＿＿＿＿＿　序号＿＿＿＿＿＿

6.5.26　设 A、B、C、D 是 4 位 8421 码，此码表示的数字为 Y，当 $4<Y<8$ 时，则输出为 1，否则，输出为 0。试画出对应的逻辑图。

解：

6.5.27　设计一个工厂车间的自动报警器，当生产线在工作的情况下，车间的温度过高或者湿度过高时，则发出报警信号，请用与非门实现逻辑电路。

解：

6.5.28 已知 8421BCD 可用七段译码器驱动 LED 管,显示十进制数字。请将表 6.5.2 填写完整。

表 6.5.2 习题 6.5.28 表

	D	C	B	A	a	b	c	d	e	f	g
0	0	0	0	0	1	1	1	1	1	1	1
3	0	0	1	1							
6	0	1	1	0							
7	0	1	1	1							

解:

6.5.29 试用 3 线-8 线译码器 74LS138 和门电路实现函数 $Y = AB + \overline{A}C$。

6.5.30 设计一个组合逻辑电路，输入 A、B、C 是逻辑变量，分别代表温度、烟雾、亮度 3 个传感器，当三者中有两个或两个以上超过安全极限时（逻辑值=1），发出报警信号，即输出 Y 为 1，否则输出 Y 为 0。要求：

（1）按题意列出真值表，通过卡诺图化简求得最简与或式，画出用最少的与非门实现的逻辑图（允许输入原变量、反变量）；

（2）用一片 3 线-8 线译码器 74LS138 及与非门实现，画出逻辑图。

第 7 章 触发器与时序逻辑电路

7.1 知识要点总结

一、触发器逻辑功能和动作特点

触发器是数字电路中非常重要的基本单元,是能够存储一位二进制码的逻辑电路,有两个互补输出端,其输出状态不仅与当前的输入有关,而且与原先的输出状态有关。

触发器按结构分类:基本 RS 触发器,同步 RS 触发器,主从触发器和边沿触发器。

触发器按功能分类:RS 触发器,JK 触发器,D 触发器及 T 触发器和 T' 触发器。

触发器的逻辑功能可以用功能表、特性方程、状态图、功能描述和波形图等方式表示。各种不同逻辑功能触发器的特性方程如表 7.1.1 所示。

表 7.1.1 不同逻辑功能触发器的特性方程

触发器	特性方程
RS 触发器	$Q_{n+1} = S + \overline{R}Q_n$ (约束条件 $RS=0$)
JK 触发器	$Q_{n+1} = J\overline{Q}_n + \overline{K}Q_n$
D 触发器	$Q_{n+1} = D$
T 触发器	$Q_{n+1} = T\overline{Q}_n + \overline{T}Q_n$
T' 触发器	$Q_{n+1} = \overline{Q}_n$

二、数据寄存器和移位寄存器的特点

寄存器是由触发器组成的能将一组二进制代码暂存的时序逻辑电路。n 个触发器能寄存 n 位二进制数。根据寄存方法的不同,可分为数码寄存器和移位寄存器。

(1)数码寄存器:在一个寄存脉冲的作用下,将各输入端的待存数码通过并行输入方式一次存入。具有速度快、数据线多和数据并行输出的特点。

(2)移位寄存器:在多个寄存脉冲的作用下,将待存数码的各位通过串行输入方式逐位存入,具有速度慢、数据线少、数据可并行和串行输出的特点。移位寄存器有左移、右移和双向移位 3 种。

三、计数器

1. 概念

计数器是由触发器构成的可以累积输入脉冲个数的时序逻辑电路。

加法计数器:输入一个时钟脉冲,计数器在原状态上加 1。
减法计数器:输入一个时钟脉冲,计数器在原状态上减 1。
可逆计数器:通过某信号的控制,计数器既可以实现加法计数,又可以实现减法计数。

N 进制计数器:经过了 N 个计数脉冲后,计数器又回到原状态,产生一次循环。

2. 结构

(1)同步计数器:构成计数器的各个触发器的时钟脉冲信号相同,都是由计数脉冲直接提供,同时加到各位触发器的 CP 端,触发器的状态变换和计数脉冲同步。

(2)异步计数器:构成计数器的各个触发器的时钟脉冲信号不同,触发器的状态变换有先有后。

四、555 定时器

1. 内部结构

CB555 定时器包含两个电压比较器 A_1 和 A_2、一个基本 RS 触发器、放电晶体管 VT 及由 3 个 $5k\Omega$ 电阻组成的分压器。

2. 555 定时器组成的单稳态触发器

原理：通过输入负脉冲触发，输出由稳态"0"进入暂稳态"1"，暂稳态持续一段时间（$t_p=1.1RC$）后自动返回稳态"0"。

应用：脉冲整形和定时控制。

3. 555 定时器组成的多谐振荡器

原理：电路接通电源后产生振荡，无须输入，输出端可输出一定频率的矩形波形。矩形波的周期为 $T = t_{p1} + t_{p2} \approx 0.7(R_1 + 2R_2)C$。

应用：产生矩形波信号。

7.2 本章重点与难点

（1）几种基本触发器（RS、JK、D、T）的逻辑功能。
（2）数据寄存器和移位寄存器的工作方式和特点。
（3）计数器的工作原理和分析方法。
（4）用集成计数器构成任意进制的计数器。
（5）555 定时器及其应用。

7.3 重点分析方法与步骤

一、几种基本触发器的逻辑功能的转换

触发器转换常用的方法有公式法和图表法两种。

1. 公式法转换的步骤

（1）写出已有触发器和目标触发器的特性方程；
（2）将目标触发器的特性方程转换成已有触发器特性方程的形式；
（3）比较两个触发器的特性方程，求出转换电路的逻辑表达式；
（4）画出逻辑电路图。

2. 图表法的转换步骤

（1）根据目标触发器的特性表和已有触发器的特性表列出转换电路的真值表；
（2）根据真值表求出转换电路的逻辑表达式；
（3）画出逻辑电路图。

二、计数器的分析

1. 分析异步计数器的步骤

（1）对应每个计数脉冲，依次观察从低位到高位的触发器是否具备翻转条件，即注意每一个触发器时钟脉冲输入信号的状态及是否具有有效触发沿。
（2）用状态表或波形图记录计数器的状态转换过程，最后根据状态转换表或波形图归纳出计数器的功能。

2. 分析同步计数器的步骤

（1）写出构成计数器的各个触发器输入端的逻辑表达式；
（2）根据逻辑表达式及触发器的前一个状态确定其后一个状态，列写状态表，分析其状态转换过程；
（3）根据状态表或波形分析电路的逻辑功能。

三、集成计数器构成任意进制的计数器

1．用中规模集成计数器模块设计计数器的方法

（1）清零法

将计数器的输出状态反馈到直接清零端，使计数器在第 N 个脉冲来时就清零，之后再从 0 开始计数，从而实现 N 进制的计数。

（2）置数法

置数法是利用给计数器重复置入某个数值的方法跳越($N-M$)个状态，从而获得 M 进制计数器。

2．任意进制计数器的构成

（1）已有计数器的模 N 大于要构成计数器的模 M

此时要设法让计数器绕过其中的 $N-M$ 个状态，提前完成计数循环，实现方法有上述的清零法和置数法两种。

（2）已有计数器的模 N 小于要构成计数器的模 M

此时如果 M 可以表示为已有计数器模的乘积，则只需将计数器串联即可。如果 M 不可以表示为已有计数器模的乘积，则不仅要将计数器串联起来，还要利用计数器的清零端和置数端，使计数器绕过多余的状态。

使用中规模集成计数器时，需要清楚清零端和置数端到底是同步还是异步的，然后选择合适的接线方式。表 7.3.1 列出了常见的几种集成计数器功能表。

表 7.3.1 常见的几种集成计数器功能表

型　号	计数模式	清零方式	预置数方式
74LS161	十六进制	异步	同步
74LS160	十进制	异步	同步
74LS163	十六进制	同步	同步
74LS191	十六进制	无	异步
74LS193	十六进制	异步	异步
74LS293	十六进制	异步	无
74LS290	二-五-十进制	异步	异步

四、时序逻辑电路的分析方法

时序逻辑电路的分析即根据给定的逻辑电路图，研究各输出端状态在触发信号的控制下随输入信号变化的关系，从而确定它的逻辑功能。其分析步骤为：

（1）分析逻辑电路的组成；

（2）分析是同步触发还是异步触发，同步触发需要写出各触发器的驱动方程，异步触发需要写出各触发器的驱动方程和触发脉冲方程；

（3）写出状态方程；

（4）列出逻辑状态真值表；

（5）画出状态循环图；

（6）分析确定逻辑功能。

7.4 填空题和选择题

一、填空题

7.4.1　仅具有"保持"和"翻转"功能的触发器为_____。

7.4.2　JK 触发器的逻辑功能有保持、_____、置 0 和_____。

7.4.3　JK 触发器转换成 T′ 触发器，JK 控制端的接法为_____。

7.4.4　触发器是由门电路组成的，但是它具有与门电路不同的功能，其主要特点为_____。

7.4.5　TTL 型触发器的直接置 0 端 R_D，置 1 端 S_D 的正确用法是有小圆圈时_____电平有效，没有小圆圈时_____电平有效。

7.4.6　时序逻辑电路状态的改变与_____和_____有关。

7.4.7　时序电路中所有触发器的状态变化是在同一时钟脉冲的控制下同时发生的，这种时序电路称为_____。

7.4.8　用中规模集成计数器构成任意进制计数器的方法有_____和_____。

7.4.9　n 位二进制加法计数器有_____个状态，最大计数值为_____。

7.4.10　一个 4 位移位寄存器可以构成最长计数器的长度是_____。

7.4.11　在移位寄存器中采用并行输出比串行输出的速度_____。

7.4.12　在一个时钟脉冲作用下，引起触发器两次或多次翻转的现象称为触发器的_____，能克服这种现象的触发方式有_____和_____。

7.4.13　组合逻辑电路的基本单元是_____，时序逻辑电路的基本单元是_____。

二、选择正确的答案填空

7.4.14　D 触发器的特征方程为_____。
A. $Q_{n+1} = \overline{Q}_n$　　B. $Q_{n+1} = D$　　C. $Q_{n+1} = D\overline{Q}_n$

7.4.15　仅具有置 0 和置 1 功能的触发器为_____。
A. JK 触发器　　B. RS 触发器　　C. D 触发器

7.4.16　D 触发器转换为 T′ 触发器，控制端 D 的正确接法为_____。
A. $D=1$　　B. $D=Q_n$　　C. $D=\overline{Q}_n$

7.4.17　按导电机理分，双稳态触发器的类型有_____。
A. 双极型　　B. 单极型　　C. 双极型和单极型

7.4.18　接成计数状态下，存在"空翻"问题的触发器有_____。
A. D 触发器　　B. 基本 RS 触发器　　C. 主从 RS 触发器

7.4.19　对于 JK 触发器，若希望其状态由 1 转变为 0，则所加激励信号是_____。
A. JK = X0　　B. JK = 0X　　C. JK = X1　　D. JK = 1X

7.4.20　按数码的存取方式，寄存器可分为_____。

A. 数码寄存器、移位寄存器
B. 同步寄存器、异步寄存器
C. 左移寄存器、右移寄存器、双向寄存器

7.4.21　要构成最大十进制为 999 的计数器，则至少需要_____个双稳态触发器。
A. 10　　　　　　B. 50　　　　　　C. 100

7.4.22　若有一个 N 进制计数器，用清零法可以构成 M 进制计数器，则 M_____N。
A. <　　　　　　B. >　　　　　　C. =

7.4.23　若一个计数器的状态变化为 0000，0001，0010，0011，0100，0000，则该计数器的进制为_____。
A. 6　　　　　　B. 5　　　　　　C. 4

7.4.24　JK 触发器的 J、K 端同时悬空时，在触发脉冲的作用下，触发器实现_____。
A. 保持　　　　　B. 计数　　　　　C. 置 1

7.4.25　计数器的模是_____。
A. 触发器的个数　　B. 计数器顺序经过的稳定状态的个数
C. 一秒内再循环的次数

7.4.26　555 定时器构成单稳态触发器（电源电压为 V_{CC} 且不考虑外接控制 U_M），在暂态维持阶段定时元件电容的电压变化范围是_____。

A. $0 \to \frac{1}{3}V_{CC}$　　　　　　B. $0 \to \frac{2}{3}V_{CC}$

C. $\frac{1}{3}V_{CC} \to \frac{2}{3}V_{CC}$　　　　D. $\frac{1}{3}V_{CC} \to V_{CC}$

7.4.27　通常所说的无稳态电路是指_____。
A. T 触发器　　　　　　B. 多谐振荡器
C. RS 触发器　　　　　D. 单稳态触发器

7.5 习题 7

7.5.1 基本 RS 触发器的电路图及 $\overline{R_D}$ 和 $\overline{S_D}$ 的工作波形如图 7.5.1 所示，试画出 Q 端的输出波形。

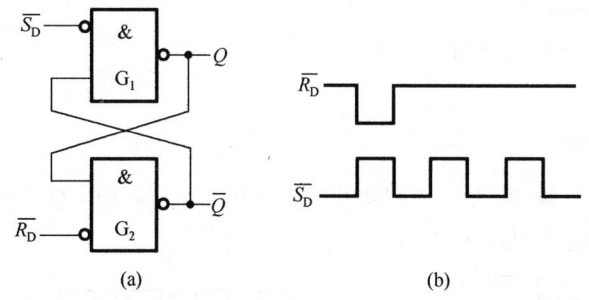

图 7.5.1 习题 7.5.1 图

解：

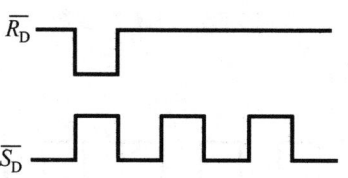

7.5.2 同步 RS 触发器电路中，CP、R、S 的波形如图 7.5.2 所示，试画出 Q 端对应的波形，设触发器的初始状态为 0。

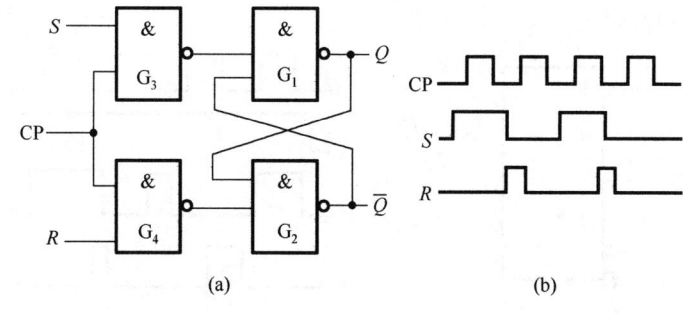

图 7.5.2 习题 7.5.2 图

解：

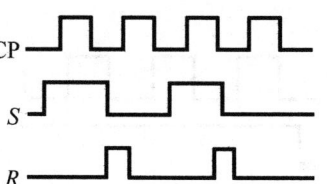

7.5.3 图7.5.3(a)所示的主从结构的RS触发器各输入端的波形如图7.5.3(b)所示。$\overline{S_D}=1$，试画出Q、$\overline{Q}$端对应的波形，设触发器的初始状态为0。

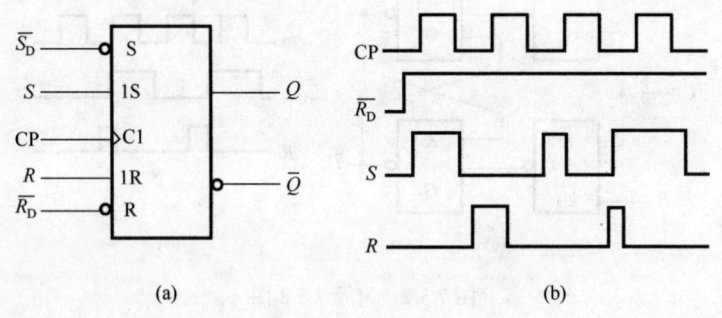

(a)　　　　　　　　(b)

图7.5.3　习题7.5.3图

解：

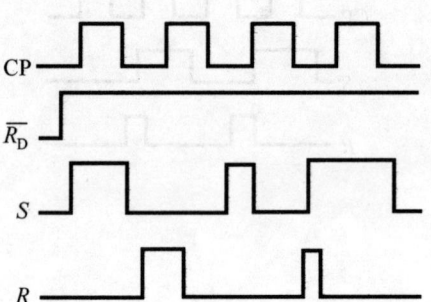

7.5.4　试分析图7.5.4所示电路的逻辑功能。

解：

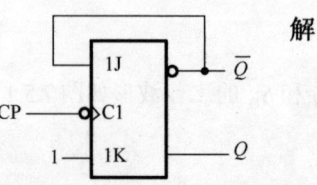

图7.5.4　习题7.5.4图

7.5.5　设JK触发器的初始状态为0，画出输出端Q在时钟脉冲作用下的波形图。

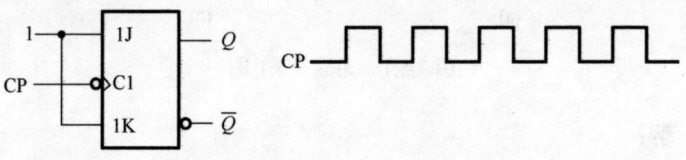

图7.5.5　习题7.5.5图

解：

7.5.6 在图 7.5.6 所示的信号激励下，画出主从型边沿 JK 触发器的 Q 端波形，设触发器的初始态为 0。

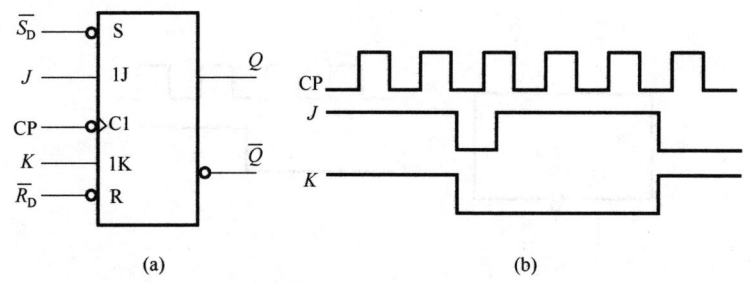

图 7.5.6 习题 7.5.6 图

解：

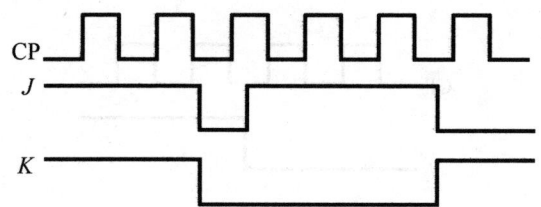

7.5.7 一种特殊的同步 RS 触发器如图 7.5.7 所示，试分析其逻辑功能。

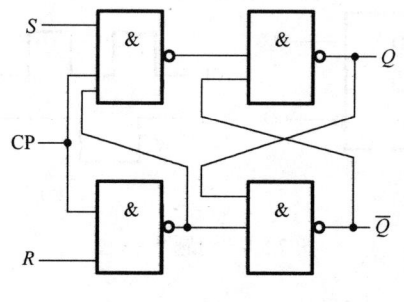

图 7.5.7 习题 7.5.7 图

解：

7.5.8 D 触发器的逻辑电路和波形图如图 7.5.8 所示，试画出输出端 Q 的波形图，设触发器的初始态为 0。

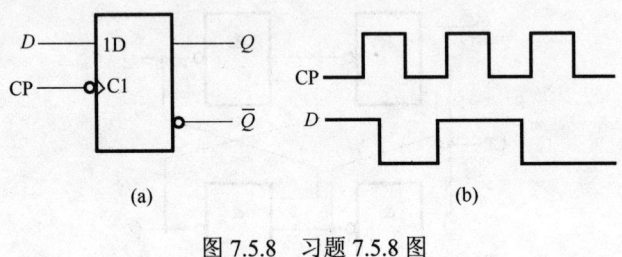

图 7.5.8 习题 7.5.8 图

解：

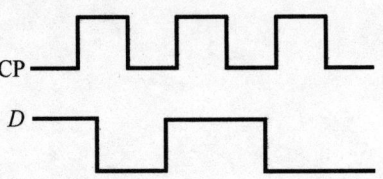

7.5.9 边沿 T 触发器的逻辑图及 T 和 CP 的输入波形如图 7.5.9 所示，画出触发器输出端 Q 和 $\overline{Q}$ 的波形，设触发器的初始状态为 0。

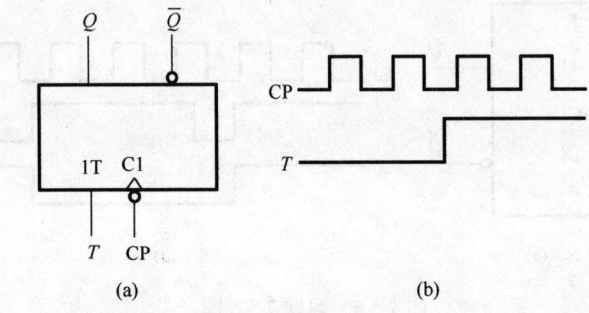

图 7.5.9 习题 7.5.9 图

解：

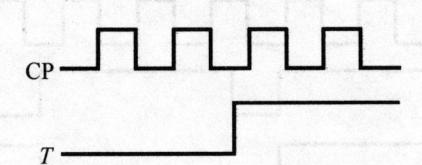

7.5.10 试将 RS 触发器分别转换为 D 触发器和 JK 触发器。

解：

7.5.11 由 D 触发器组成的电路与 A、B 端的波形如图 7.5.10 所示，设初始状态为 0，请画出输出 Q 的波形。

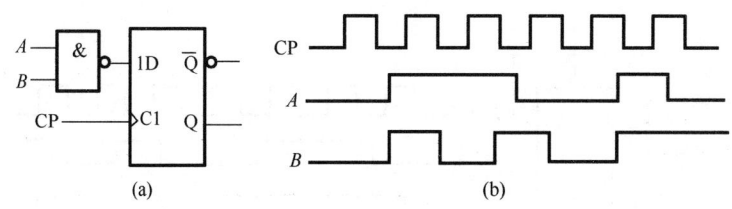

图 7.5.10 习题 7.5.11 图

解：

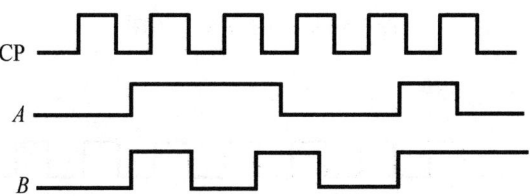

7.5.12 由 D 触发器组成的电路与 A、B 端的波形如图 7.5.11 所示，请画出 Q 的波形图。设触发器的初始状态为 1。

7.5.13 画出图 7.5.12 所示两个触发器的输出端 Q 的波形。假设触发器的初始态均为 0。

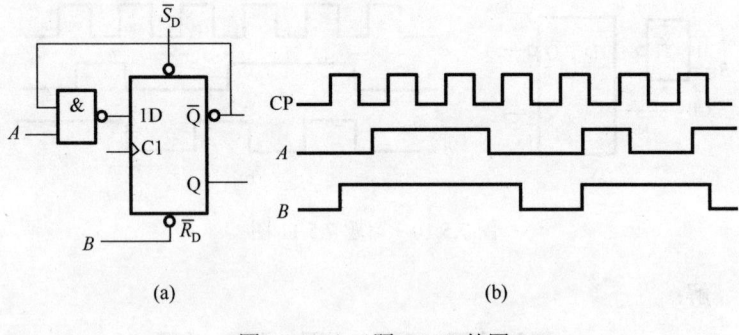

图 7.5.11 习题 7.5.12 的图

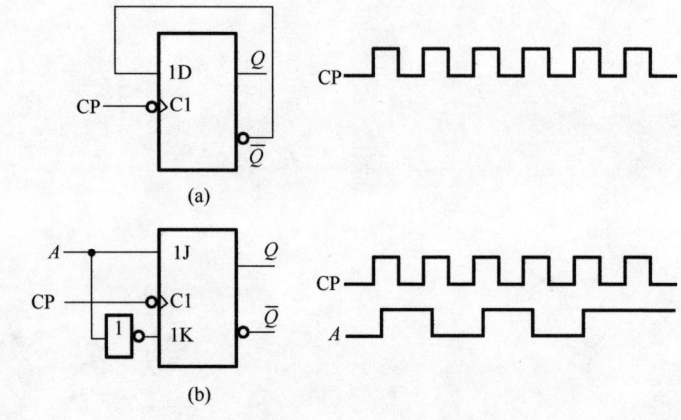

图 7.5.12 习题 7.5.13 图

解：

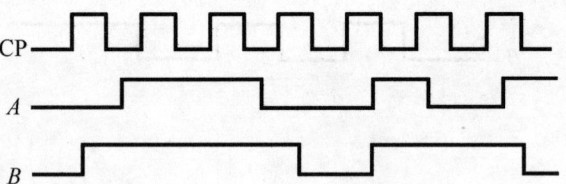

解：

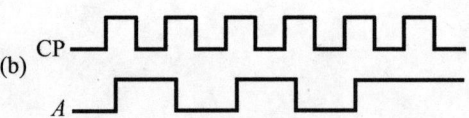

7.5.14 由 D 触发器组成的电路如 7.5.13 所示，分析电路的逻辑功能。

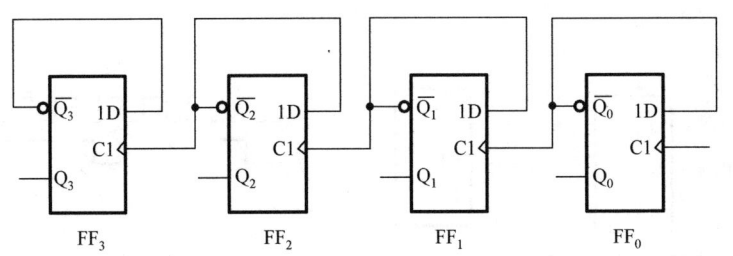

图 7.5.13 习题 7.5.14 图

解：

7.5.15 将 D 触发器转换成 T 触发器，则图 7.5.14 所示的虚线中应该采用什么门电路。

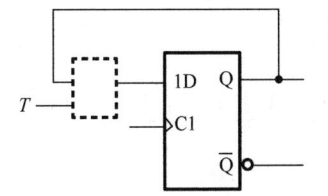

图 7.5.14 习题 7.5.15 图

解：

7.5.16 在图 7.5.15 所示的逻辑图中，试画出 Q_1 和 Q_2 端的波形，如果时钟脉冲的频率是 6000Hz，则 Q_1 和 Q_2 波形的频率各为多少？设初始状态为 0。

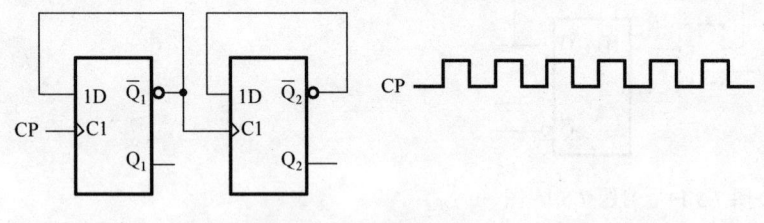

图 7.5.15 习题 7.5.16 图

7.5.17 分析图 7.5.16(a)所示的逻辑图，并根据图 7.5.16(b)所示的 CP 和 T 的波形，画出 Q_1 和 Q_2 输出端的波形，假设两个触发器的初始状态均为 0。

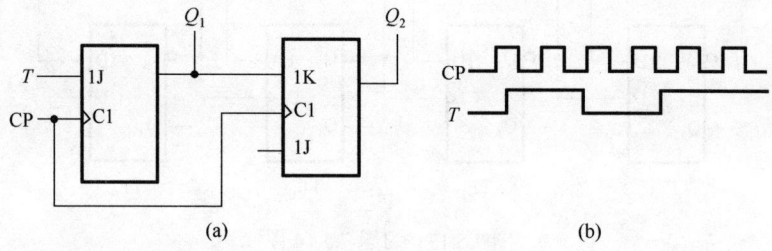

图 7.5.16 习题 7.5.17 图

解：

解：

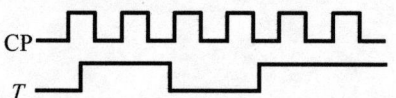

7.5.18 试从图 7.5.17 所示的电路中根据时钟脉冲 CP 画出 Y_1 和 Y_2 两个输出端的波形，设触发器的初始状态为 0。

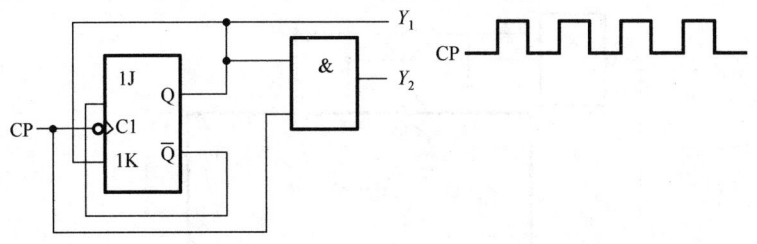

图 7.5.17　习题 7.5.18 图

解：

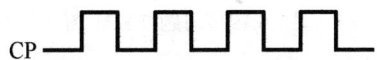

7.5.19　试用 3 个 D 触发器组成 3 位移位寄存器。

解：

7.5.20 已知计数器的输出端 Q_2、Q_1、Q_0 的输出波形如图 7.5.18 所示，画出其对应的状态转换图，并分析计数器的进制。

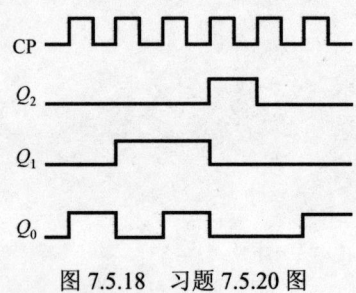

图 7.5.18 习题 7.5.20 图

解：

7.5.21 分析图 7.5.19 所示的电路，画出电路的状态图，说明该电路的计数模值（注：74LS163 芯片为同步清零端）。

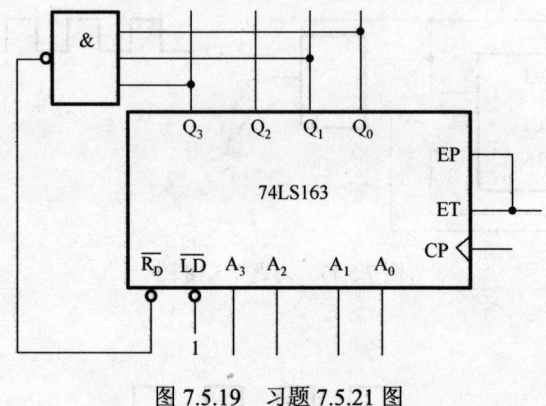

图 7.5.19 习题 7.5.21 图

解：

7.5.22 由 74LS290 计数器构成的电路图如图 7.5.20 所示,分析其功能,并画出其状态转移图。

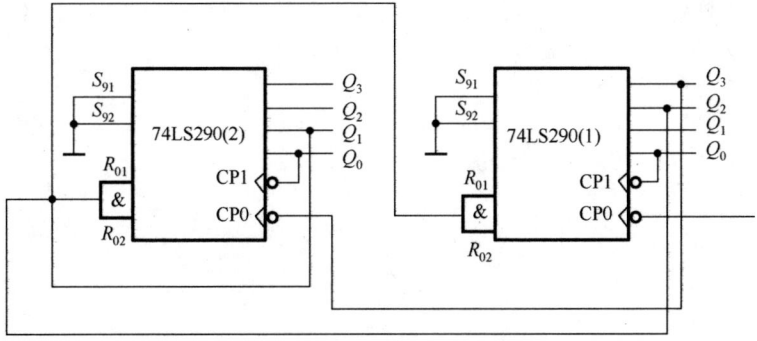

图 7.5.20 习题 7.5.22 图

解:

7.5.23 试用 74LS161 型同步二进制计数器连接成十四进制计数器,要求采用清零法,并画出其状态转移表。

解:

7.5.24 试用 74LS161 型同步二进制计数器连接成十四进制计数器，要求采用置数法，并画出其状态转移表。

解：

7.5.25 采用直接置"0"法将 74LS290 型计数器改接成六进制计数器。

解：

7.5.26 在图 7.5.21 所示的多谐振荡器中，设 $R_1=10\text{k}\Omega$，$R_2=50\text{ k}\Omega$，$C=10\text{ μF}$，求其输出信号的频率。

解：

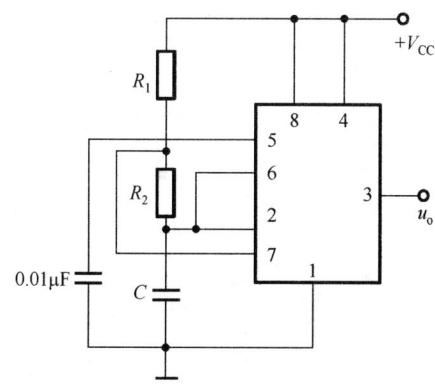

图 7.5.21 习题 7.5.26 图

第 8 章 模拟量与数字量的转换

8.1 知识要点总结

一、D/A 转换

D/A 转换的基本功能是将一个数字量按照比例转换成模拟量。D/A 转换所采用的基本方法，是将输入的每一位二进制代码按其权值大小转换成相应的模拟量，然后将代表各位的模拟量相加，则所得的总模拟量就与数字量成正比，这样便实现了从数字量到模拟量的转换。D/A 转换器实质上是一个译码器（解码器）。

1. 倒 T 形电阻网络 D/A 转换器

倒 T 形电阻网络 D/A 转换器由参考电压 U_{REF}、电子模拟开关 $S_0 \sim S_3$、倒 T 形电阻解码网络和反相比例加法电路 4 部分组成。

对于 n 位输入的数字代码，D/A 转换器的输出为

$$U_O = -\frac{U_{REF}}{2^n}(2^{n-1}D_{n-1} + 2^{n-2}D_{n-2} + \cdots + 2^1 D_1 + 2^0 D_0)$$

$$= -\frac{U_{REF}}{2^n}(D_n)_{10}$$

(8.1.1)

可见，D/A 转换器输出的模拟量与输入的数字量成正比。

2. D/A 转换器的主要技术指标

（1）分辨率

电路输出的最小电压（输入的二进制数最低位为"1"，其余位均为"0"时的输出电压）与电路输出的最大电压（输入的二进制数全为"1"时的输出电压）之比称为分辨率，即

$$\text{分辨率} = \frac{1}{2^n - 1} \tag{8.1.2}$$

分辨率反映了 D/A 转换器对微小模拟量变化的敏感程度和分辨能力，它是最低有效位（LSB）所对应的模拟量，它确定了能由 D/A 转换器产生的最小模拟量的变化。

（2）转换精度

转换精度是指输入满刻度数字量时，D/A 转换器的实际输出模拟电压值与理论值之间的偏差，即最大静态转换误差。

（3）建立时间和转换速度

从输入的数字量发生满量程变化，到输出电压进入与稳态值相差 $\pm 1/2$LSB 范围内所需要的时间。

二、A/D 转换

A/D 转换器通过一定的电路将模拟量转变为数字量，A/D 转换包括取样、保持、量化和编码 4 个步骤。

1. 逐次逼近型 A/D 转换器

图 8.1.1 所示为逐次逼近型 A/D 转换器的原理框图。转换开始前，先将所有寄存器清 0。开始转换后，时钟脉冲首先将寄存器的最高位置 1，使其输出为 $100\cdots000$。这个数码被 D/A 转换器转换成相应的模拟电压 U_O，送至电压比较器与输入 U_I 进行比较。若 $U_O > U_I$，说明寄存器输出的数码大了，应将最高位改为 0（去码），同时将次高位置 1，使其输出为 $010\cdots000$ 的形式；若 $U_O < U_I$，说明寄存器输出的数码还不够大，因此，除了将最高位设置的 1 保留（加码）外，还需将次高位也设置为 1，使其输出为 $110\cdots000$ 的形式。然后，再按以上同样的方

法继续进行比较,确定次高位的 1 是去码还是加码。这样逐位比较下去,直到最低位止,比较完毕后,寄存器中的状态就是转换后的数字输出。

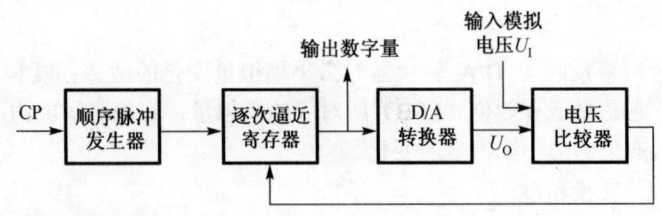

图 8.1.1 逐次逼近型 A/D 转换器的原理框图

2. A/D 转换器的主要技术指标

(1) 分辨率

分辨率定义为转换器所能够分辨的输入信号的最小变化量,它表明了 A/D 转换器对输入信号的分辨能力。n 位二进制数,能区分 2^n 个不同等级的输入模拟电压。

(2) 转换误差:实际的转换点偏离理想特性的误差。

(3) 转换时间:指完成一次 A/D 转换所需的时间。

8.2 本章重点与难点

(1) 倒 T 形电阻网络 D/A 转换器的原理。
(2) D/A 转换分辨率、转换精度与输入位数的关系。
(3) A/D 转换的 4 个步骤。
(4) 逐次逼近型 A/D 转换器的原理。
(5) A/D 转换分辨率与输出位数的关系。

8.3 重点分析方法与步骤

一、D/A 转换器

(1) D/A 转换实现从数字量到模拟量的转换,将输入的每一位二进制代码按其权值的大小转换成相应的模拟量,然后将代表各位的模拟量相加,所得的总模拟量与数字量成正比。所以,模拟量、数字量及数字量的位数之间的关系利用式(8.1.1)求解即可。

(2) 求解有关分辨率、转换位数及误差等,利用式(8.1.2)即可,但要清楚最小输出电压是指输入数字量只有最低有效位为 1 时的输出电压,最大输出电压是指输入数字量各位全为 1 时的输出电压。

二、A/D 转换器

有关 A/D 转换的问题也是利用式(8.1.1)和式(8.1.2)来计算,只不过对 A/D 转换器来说,输入的是模拟量,输出的是数字量,所以式中的 U_O 经常表示成 U_I。

8.4 填空题和选择题

一、填空题

8.4.1 DAC 电路的作用是将_____量转换成_____量。ADC 电路的作用是将_____量转换成_____量。

8.4.2 就实质而言,_____类似于译码器,_____类似于编码器。

8.4.3 A/D 转换的过程可分为_____、_____、_____、_____4 个步骤。

8.4.4 A/D 转换器两个最重要的指标是_____和_____。

8.4.5 D/A 转换器的位数越多，能够分辨的最小输出电压变化量越_____，转换精度越_____。

8.4.6 A/D 转换器的二进制数的位数越多，量化单位 Δ 越_____。

8.4.7 A/D 转换过程中，必然会出现_____误差。

8.4.8 模数转换量化的方法有_____和_____两种。

二、选择正确的答案填空

8.4.9 8 位 D/A 转换器当输入数字量只有最低位为 1 时，输出电压为 0.02V，若输入数字量只有最高位为 1 时，则输出电压为____V。
A．0.039　　B．2.56　　C．1.27　　D．都不是

8.4.10 D/A 转换器的主要参数有_____、转换精度和转换速度。
A．分辨率　　B．输入电阻　　C．输出电阻　　D．参考电压

8.4.11 对于 n 位 DAC 的分辨率，可表示为_____。
A．$\dfrac{1}{2^n-1}$　　B．$\dfrac{1}{2^{n-1}}$　　C．$\dfrac{1}{2^n}$

8.4.12 R-2R 倒 T 形电阻网络 DAC 中，基准电压源 U_{REF} 和输出电压 U_O 的极性关系为_____。
A．同相　　B．无关　　C．反相

8.4.13 为使采样输出信号不失真地代表输入模拟信号，采样频率 f_s 和输入模拟信号的最高频率 f_{max} 的关系是_____。
A．$f_s \geq f_{max}$　　B．$f_s \leq f_{max}$　　C．$f_s \geq 2f_{max}$　　D．$f_s \leq 2f_{max}$

8.4.14 将一个时间上连续变化的模拟量转换为时间上断续（离散）的模拟量的过程称为_____。
A．采样　　B．量化　　C．保持　　D．编码

8.4.15 用二进制码表示指定离散电平的过程称为_____。
A．采样　　B．量化　　C．保持　　D．编码

8.4.16 将幅值上、时间上离散的阶梯电平统一归并到最邻近的指定电平的过程称为_____。
A．采样　　B．量化　　C．保持　　D．编码

8.5 习题 8

8.5.1 已知倒 T 形电阻网络 DAC 的反馈电阻 $R_f = R$，$U_{REF} = 10V$，试分别求出 4 位 DAC 和 8 位 DAC 的输出最大电压，并说明这种 DAC 输出最大电压与位数的关系。

解：

8.5.2 已知倒 T 形电阻网络 DAC 中的反馈电阻 $R_f = R$，$U_{REF} = 10V$，试分别求出 4 位 DAC 和 8 位 DAC 的输出最小电压，并说明这种 DAC 最小输出电压与位数的关系。

解：

8.5.3 已知某 D/A 转换器电路输入 10 位二进制数，最大（满刻度）输出电压 $U_m = 5\,V$，试求分辨率和最小分辨电压。

解：

8.5.4 已知某 D/A 转换器的最小分辨率电压为 $U_{omin} = 5mV$，最大（满刻度）输出电压 $U_{omax} = 10V$，试问此电路输入数字量的位数 n 应为多大？

解：

8.5.5 已知10位R-2R倒T形电阻网络DAC的 $R_f = R$, $U_{REF} = 10V$，试分别求出数字量为0000000001 和 1111111111 时的输出电压 U_O。

解：

8.5.7 在AD7520电路中，若 $V_{DD}=10V$，输入10位二进制数为 $(1011010101)_2$，试求：（1）其输出模拟电流 i_o 为何值（已知 $R=10kΩ$）；（2）当 $R_f = R = 10kΩ$ 时，外接运放A后，输出电压应为何值？

解：

8.5.6 对于一个8位D/A转换器：（1）若最小输出电压增量为0.02V，试问当输入代码为01001101时，输出电压 U_O 为多少伏？（2）若其分辨率用百分数表示，则应是多少？

解：

8.5.8 某12位ADC输入电压范围为 0～+10V，当输入电压为75.5mV、4.48V 和 7.81V 时，其输出二进制数各是多少？该ADC能分辨的最小电压变化量为多少mV？

解：

8.5.9 将 ADC 用于地磅称重测量，检测重量范围 0～10 吨，要求检测误差小于 1kg，该 ADC 至少应有多少位输出字长？

解：

8.5.10 如果要求 ADC 对输入电压的分辨率为 2.5mV，其满刻度输出所对应的输入电压为 8.125V，该 ADC 至少应有多少位字长？

解：

8.5.11 A/D 转换器中取量化单位为 Δ，把 0～10V 的模拟电压信号转换为 3 位二进制代码，若最大量化误差为 Δ，要求列表表示模拟电平与二进制代码的关系，并指出 Δ 值的范围将其填入表 8.5.1 中。

解：

表 8.5.1　题 8.5.11 表

模拟电平	二进制代码
	000
	001
	010
	011
	100
	101
	110
	111

8.5.12　已知在逐次渐近型 A/D 转换器中的 10 位 D/A 转换器的最大输出电压 $U_{Omax}=14.322\text{V}$，当输入电压 $U_I=9.45\text{V}$ 时，求电路转换输出的数字状态。

解：

8.5.13　设 $U_{REF}=5\text{V}$，当 ADC0809 的输出分别为 80H 和 F0H 时，求 ADC0809 的输入电压 U_{I1} 和 U_{I2}。

解：

第9章 实　　验

9.1 集成运算放大器的线性应用

一、实验目的

1．学会正确使用集成运算放大器。
2．掌握集成运算放大电路的设计和调试方法。
3．了解集成运算放大器在实际使用时应该注意的一些问题。

二、实验仪器及元器件

1．实验箱　2．万用表　3．集成芯片　4．电阻

三、实验原理

集成运算放大器是高增益的多级直接耦合放大器。当集成运放工作在线性区时，其参数很接近理想值，实际应用时通常把它当做理想运放来分析。此时，它满足"虚断"（即输入电流 $I_+ = I_- = 0$）和"虚短"（即输入电压 $U_+ = U_-$）特性。

集成运放按指标可分为通用型、高速型、低功耗型、大功率型、高精度型。其封装形式最常用的是双列直插式，其中，8 脚的 μA741 或 F007 的引脚图如图 9.1.1 所示。不同型号的运放各引脚的功能可能有所不同，可查阅有关手册。

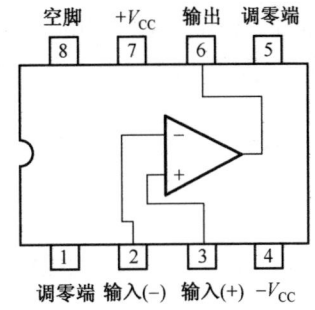

图 9.1.1　集成运放 F007/μA741 的引脚图

1．反相比例运算电路

反相比例运算电路如图 9.1.2 所示，信号由反相端输入，输出信号 U_o 与输入信号 U_i 相位相反，U_o 经 R_f 反馈到反相输入端，构成电压并联负反馈电路。图 9.1.2 中虚线加框部分是由电阻 R 和电位器 R_{p1} 构成的分压电路，为反相比例运算电路提供输入信号 U_i。

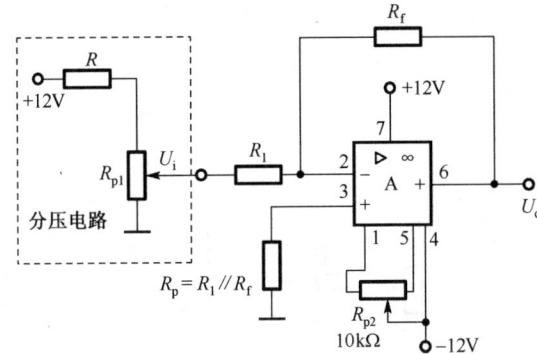

图 9.1.2　反相比例运算电路

根据"虚断"、"虚短"的概念可知，该电路的闭环电压放大倍数为

$$A_{uf} = \frac{U_o}{U_i} = -\frac{R_f}{R_1}$$

其值为负值，说明输入电压与输出电压反相。此式还说明在一定条件下，运放的输出电压与输入电压的大小关系是由反馈电阻 R_f 与电阻 R_1 的比值决定的，与电路中的其他参数无关。

若输入信号为正弦交流电压时，其输入信号最大不失真电压的峰-峰值为

$$U_{ipp} = \frac{U_{opp}}{|A_{uf}|} = \frac{U_{opp}R_1}{R_f} = \frac{2U_{oM}R_1}{R_f}$$

通常，U_{oM} 比电源电压 V_{CC} 小 1～2V。

由于反相输入端具有"虚地"的特点，故其共模输入电压为零。当 $R_F = R_1$ 时，运算电路的输出电压等于输入电压的负值，故称为反相器。

2. 同相比例运算电路

同相比例运算电路如图 9.1.3 所示，输入信号 U_i 接同相输入端，输出信号 U_o 经 R_f 反馈到反相输入端，使整个电路形成电压串联负反馈。图 9.1.3 中虚线加框部分是由电阻 R 和电位器 R_{p1} 构成的分压电路，为同相比例运算电路提供输入信号 U_i。

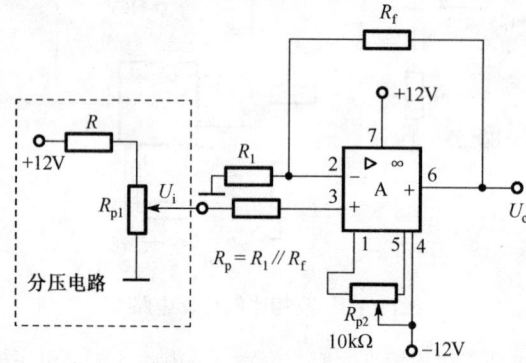

图 9.1.3 同相比例运算电路

当把运放看成是理想运放，且工作在线性区时，有

$$A_{uf} = \frac{U_o}{U_i} = 1 + \frac{R_f}{R_1} \text{ 或 } U_o = \left(1 + \frac{R_f}{R_1}\right)U_i \quad (9.1.1)$$

式（9.1.1）说明输出电压与输入电压成比例，且同相位，同时也说明同相比例运算电路的闭环电压增益仅与反馈电阻 R_f 及比例电阻 R_1 有关。当图 9.1.3 中的 $R_f = 0$ 或者 $R_1 \to \infty$ 时，$A_{uf} = 1$，说明输出电压 U_o 与输入电压 U_i 大小相等、相位相同，称为同相电压跟随器，常用于放大器中的阻抗变换。

3. 反相求和运算电路

反相求和运算电路如图 9.1.4 所示，此电路在反相比例运算电路的基础上增加了几条输入支路，也称为反相加法运算电路。

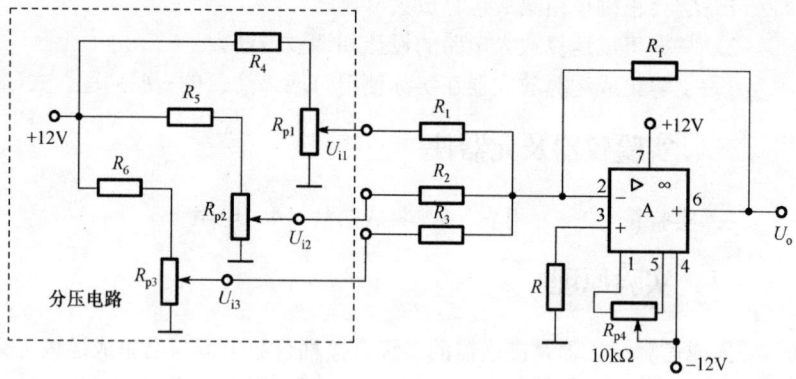

图 9.1.4 反相求和运算电路

在理想的条件下，运放的反相输入端为"虚地"，3 路输入电压彼此隔离，各自独立地经比例电阻转换成电流，进行代数和运算，电路的输出电压为

$$U_o = -\left(\frac{R_f}{R_1}U_{i1} + \frac{R_f}{R_2}U_{i2} + \frac{R_f}{R_3}U_{i3}\right)$$

当 $U_{i1}=U_{i2}=U_{i3}=U_i$ 时，$U_o=-\left(\dfrac{R_f}{R_1}+\dfrac{R_f}{R_2}+\dfrac{R_f}{R_3}\right)U_i$

当 $R_1=R_2=R_3=R_f$ 时，$U_o=-(U_{i1}+U_{i2}+U_{i3})$

电路中为了减少失调的影响，应取 $R=R_1\,/\!/\,R_2\,/\!/\,R_3\,/\!/\,R_f$。

4．减法运算电路

减法运算电路如图 9.1.5 所示，当 $R_1=R_2$，$R_3=R_f$ 时，由叠加原理可求得其输出电压为

$$U_o=(U_{i2}-U_{i1})\dfrac{R_f}{R_1} \qquad (9.1.2)$$

式（9.1.2）说明该电路实现了减法比例运算。

当图 9.1.5 中 $R_1=R_2=R_3=R_f$ 时，则有

$$U_o=U_{i2}-U_{i1}$$

从而实现了减法运算。减法运算电路常用于将差分输入转换成单端输出的情况，广泛地用来放大具有强烈共模干扰的微弱信号。另外需要指出，要实现精确的减法运算，必须严格选取电阻 R_1、R_2、R_3、R_f，并进行调零。

5．积分运算电路

将反相比例运算电路中的反馈电阻 R_f 换成电容 C_f，就组成了反相积分电路，如图 9.1.6 所示。假设电容 C_f 上的初始电压为零（即 $t=0$ 时电容 C 两端的电压值 $u_C(0)=0$），则

$$u_o(t)=-\dfrac{1}{R_1C_f}\int u_i(t)\mathrm{d}t$$

如果 $u_i(t)$ 是幅值为 U 的阶跃电压，并设 $u_C(0)=0\mathrm{V}$，则

$$u_o(t)=-\dfrac{1}{R_1C_f}\int_0^t U\mathrm{d}t=-\dfrac{U}{R_1C_f}t$$

即输出电压 $u_o(t)$ 随时间增长而线性下降。显然，R_1C_f 的数值越大，达到给定的 u_o 值所需的时间就越长。积分电路输出电压 u_o 所能达到的最大值受集成运放最大输出范围的限制。

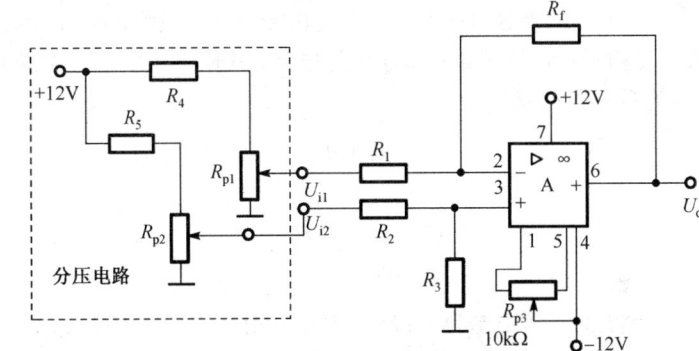

图 9.1.5　减法运算电路

如果 $u_i(t)$ 是幅值为 U_m 的方波，则积分电路输出电压的波形如图 9.1.7 所示。

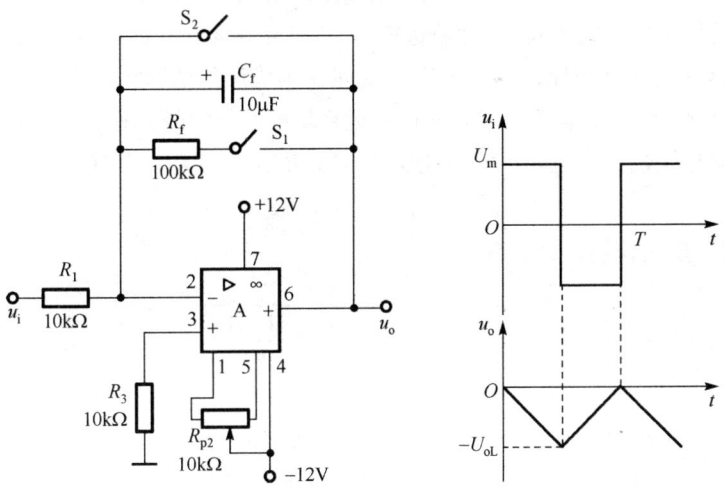

图 9.1.6　积分运算电路　　图 9.1.7　方波信号输入及积分输出波形

四、实验电路参数设计

分别用集成运放等器件组成一个反相比例运算电路、同相比例运算电路、反相求和运算电路和减法运算电路，其输出电压 U_o 与输入电压 U_i 的关系分别对应满足

$$U_o = -10U_i$$
$$U_o = 11U_i$$
$$U_o = -(20U_{i1} + 10U_{i2} + 5U_{i3})$$
$$U_o = 10(U_{i2} - U_{i1})$$

集成运放的工作电源为 ±12V。要求选用集成运放的型号，设计各电阻的阻值，并根据实验室现有的电阻选取确定，完整正确地画出以上4种实验电路（包括每种电路中的调零电位器，尤其是各种电路中运放的引脚号等）。

一般在性能指标和精度没有特别要求的情况下，运放可选 μA741 之类的通用型集成运放。在运放选定后，对于给定范围内的电压增益，若能合理地选择电路的元件参数，就能使集成运放的开环放大倍数 A_{od}、输入电阻 r_i、输出电阻 r_o 对闭环运算精度的影响降到最小。其反相和同相比例运算电路中的最佳反馈电阻 R_f 应分别按以下有关公式计算。

1. 反相比例运算电路

反馈电阻 $\qquad R_f = \sqrt{\dfrac{r_i \, r_o \, (1 - A_{uf})}{2}}$

比例电阻 $\qquad R_1 = -R_f / A_{uf}$

平衡电阻 $\qquad R_p = R_1 \,//\, R_f$

2. 同相比例运算电路

反馈电阻 $\qquad R_f = \sqrt{\dfrac{r_i \, r_o \, A_{uf}}{2}}$

比例电阻 $\qquad R_1 = \dfrac{R_f}{A_{uf} - 1}$

平衡电阻 $\qquad R_p = R_1 \,//\, R_f$

本实验中的 r_i 和 r_o 可根据运放型号查有关手册得知。本实验为了方便起见，也可设 $r_i = 20\text{M}\Omega$，$r_o = 100\Omega$。

3. 反相求和运算电路

反馈电阻 R_f 的求法完全与反相比例运算电路求法相同（其中 A_{uf} 的值可按中间值取，本实验 A_{uf} 可取 -10）。比例电阻，根据要求可得

$$R_1 = R_f/20, \quad R_2 = R_f/10, \quad R_3 = R_f/5$$

平衡电阻 $\qquad R = R_f \,//\, R_1 \,//\, R_2 \,//\, R_3$

4. 减法运算电路

反馈电阻 R_f 的求法完全与反相比例电路相同，其比例电阻根据要求可得

$$R_1 = R_2 = R_f/10, \quad R_3 = R_f$$

五、实验内容

1. 反相比例运算电路

正确组装连接图 9.1.2 所示的实验电路，对电路进行调零，使 $U_i = 0$（即将 U_i 端接地），调节调零电位器，使 $U_o' = 0$，或记下 U_o' 的值，并验证相位及比例关系：$A_{uf} = U_o / U_i$（取 $U_i = 0.4\text{V}$）或 $A_{uf} = (U_o - U_o') / U_i$，将测量数据记录于表 9.1.1 中。

2. 同相比例运算电路

正确组装连接图 9.1.3 所示实验电路，对电路进行调零，使 $U_i = 0$（即将 U_i 端接地），调节调零电位器，使 $U'_o = 0$，或记下 U'_o 的值，并验证相位及比例关系：$A_{uf} = U_o/U_i$（取 $U_i = 0.4\text{V}$）或 $A_{uf} = (U_o - U'_o)/U_i$，将测量数据记录于表 9.1.1 中。

表 9.1.1 实验数据记录表

测量电路	输入电压		输出电压				输出电压相对误差
	理论值	实测值	调零电压 U'_o	实测值 U_o	修正值 U_o	理论值	
反相比例运算电路	$U_i = 0.4\text{V}$						
同相比例运算电路	$U_i = 0.4\text{V}$						
反相求和运算电路	$U_{i1} = 0.2\text{V}$						
	$U_{i2} = 0.3\text{V}$						
	$U_{i3} = 0.4\text{V}$						
减法运算电路	$U_{i1} = 0.5\text{V}$						
	$U_{i2} = 1.0\text{V}$						

3. 反相求和运算电路

正确组装连接图 9.1.4 所示的实验电路，对电路进行调零，使 $U_{i1} = U_{i2} = U_{i3} = 0$（即将 U_{i1}、U_{i2} 和 U_{i3} 端均接地），调节调零电位器，使 $U'_o = 0$，或记下 U'_o 的值，并验证反相求和关系：$U_o = -(20U_{i1} + 10U_{i2} + 5U_{i3})$（取 $U_{i1} = 0.2\text{V}$，$U_{i2} = 0.3\text{V}$，$U_{i3} = 0.4\text{V}$）或者 $U_o = -(20U_{i1} + 10U_{i2} + 5U_{i3}) - U'_o$，将测量数据记录于表 9.1.1 中。

4. 减法运算电路

正确组装连接图 9.1.5 所示的实验电路，对电路进行调零，使 $U_{i1} = U_{i2} = 0$（即将 U_{i1} 和 U_{i2} 端均接地），调节调零电位器，使 $U'_o = 0$，或记下 U'_o 的值，并验证减法运算关系：$U_o = 10(U_{i2} - U_{i1})$（取 $U_{i2} = 1.0\text{V}$，$U_{i1} = 0.5\text{V}$）或者 $U_o = 10(U_{i2} - U_{i1}) - U'_o$，将测量数据记录于表 9.1.1 中。

5. 积分运算电路

正确组装连接图 9.1.6 所示的实验电路，在进行积分运算之前，首先应对运放调零。为了便于调节，将 S_1 闭合，即通过电阻 R_f 的负反馈作用帮助实现调零。但在完成调零后，应将 S_1 打开，以免因 R_f 的接入造成积分误差。S_2 的设置一方面为积分电容放电提供通路，同时可实现积分电容初始电压 $u_{Cf}(0) = 0\text{V}$。另一方面，可控制积分起始点，即在加入信号 u_i 后，只要 S_2 一打开，电容就被恒流充电，电路就开始进行积分运算。

打开 S_2，闭合 S_1，对运放输出 u_o 进行调零。调零完成后，再打开 S_1，闭合 S_2，使 $u_{Cf}(0) = 0\text{V}$。

预先调好直流输入电压 $U_i = 0.5\text{V}$，接入实验电路，再打开 S_2，然后用直流电压表测输出电压 U_o，每隔 5s 读一次 U_o，将测量结果记入表 9.1.2 中，直到 U_o 的绝对值不再继续明显增大为止。

表 9.1.2 积分运算电路实验数据记录表

t/s							
U_o/V							

输入频率为 1kHz，幅值为 500mV 的方波，观察并测画出输出波形，标出其幅值及周期于图 9.1.8 中。

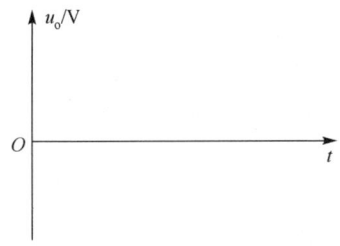

图 9.1.8 积分运算电路输出波形测画

六、注意事项

1. 集成运放的电源电压值必须正确，在接线之前必须调节和验证其值是否正确，断开电源开关之后才能进行接线。接线必须正确无误，特别要注意电源的正负极切忌反接。

2. 运放的输出端绝不允许对地短路，所以输出端千万不要引出一端悬空的测试线，以防短路而损坏运放。

3. 集成运放用于交流信号放大时，可能产生自激振荡现象，使运放无法正常工作，所以需在相应的运放引脚端接上相位补偿网络进行消振。

4. 运放用于直流比例运算时，须加入调零装置或者测试记录输入信号全为"0"时输出端的失调电压U_o'，然后进行修正，以提高测量验证精度。其中，集成运放μA741的调零装置接入电路的方法如图9.1.9所示。

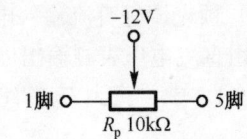

图9.1.9 μA741的调零装置接入方法

5. 验证加减运算电路的实验时，U_o必须小于电源电压值。

七、预习要求

1. 预习、理解实验原理。
2. 完成电路参数设计，画出完整正确的实验电路。
3. 领会和明确实验内容，完成预习报告的写作。

八、思考题

1. 理想运放具有哪些最主要的特点？
2. 集成运放用于直流信号放大时，为何要进行调零？
3. 集成运放用于交流信号放大时需要进行调零吗？为什么？

9.2 电平检测器的设计与调测

一、实验目的

1. 了解具有滞回特性的电平检测器的电路组成及工作原理。
2. 掌握电平检测器控制电压精度的调测方法。

二、实验仪器

1. 直流电压源 2. 万用表 3. 函数信号发生器 4. 示波器

三、实验原理

滞回电平检测器是一种具有实用意义的电路，一般用于对模拟信号电压进行幅度检测、鉴别。按其电路结构和传输特性的不同，可分为滞回特性反相电平检测器和滞回特性同相电平检测器两类，下面分别进行讨论。

1. 滞回特性反相电平检测器

滞回特性反相电平检测器的原理电路和电压传输特性分别如图9.2.1所示，根据原理电路和叠加定理不难得出：

① 上门限 $U_{HT} = U_R \dfrac{n}{n+1} + \dfrac{U_{OM}}{n+1}$，下门限 $U_{LT} = U_R \dfrac{n}{n+1} - \dfrac{U_{OM}}{n+1}$。

② 回差电压 $U_H = U_{HT} - U_{LT} = \dfrac{2U_{OM}}{n+1}$，

中心电压 $U_{CTR} = \dfrac{U_{HT} + U_{LT}}{2} = U_R \dfrac{n}{n+1}$。

由此可见，这一电路的特点是：反馈电阻比 n 及参考电压 U_R 决

定 U_{HT}、U_{LT}、U_H 及 U_{CTR}；中心电压 U_{CTR} 及回差电压 U_H 不能独立调节，只要 n 改变，两者同时变化，这给电路调试带来了不便。

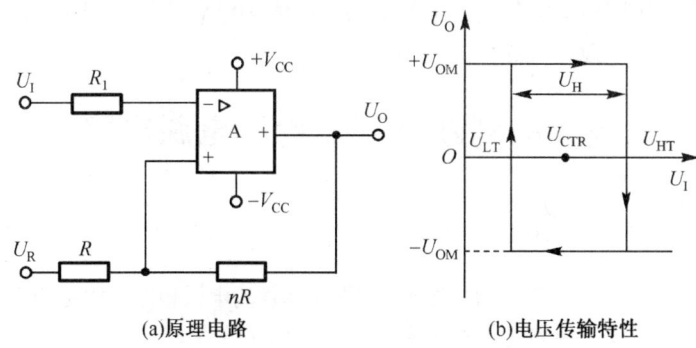

(a)原理电路　　　　(b)电压传输特性

图 9.2.1　具有滞回特性的反相电平检测器

2. 滞回特性同相电平检测器

滞回特性同相电平检测器的原理电路和电压传输特性分别如图 9.2.2 所示，根据原理电路同理可得：

① 上门限 $U_{HT}=\dfrac{U_{OM}}{n}-\dfrac{U_R}{m}$，下门限 $U_{LT}=-\dfrac{U_{OM}}{n}-\dfrac{U_R}{m}$。

② 回差电压 $U_H=U_{HT}-U_{LT}=\dfrac{2U_{OM}}{n}$，

中心电压 $U_{CTR}=\dfrac{U_{HT}+U_{LT}}{2}=-\dfrac{U_R}{m}$。

由此可见，这一电路的特点是：中心电压 U_{CTR} 取决于 U_R 及 m；回差电压 U_H 取决于 U_{OM} 和 n，两者可以分别独立调节。

如图 9.2.3 所示，电路由滞回特性同相电平检测器及指示电路等组成。指示电路由发光二极管 VL_1 和 VL_2 及限流电阻 R_3、R_4 等组成。由运放和电阻 R、R_1、R_2 及电位器 R_{p1}、R_{p2} 组成的同相电平检测器是整个实验电路的核心。

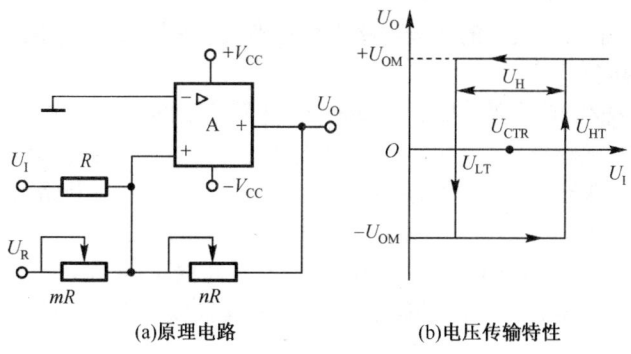

(a)原理电路　　　　(b)电压传输特性

图 9.2.2　具有滞回特性的同相电平检测器

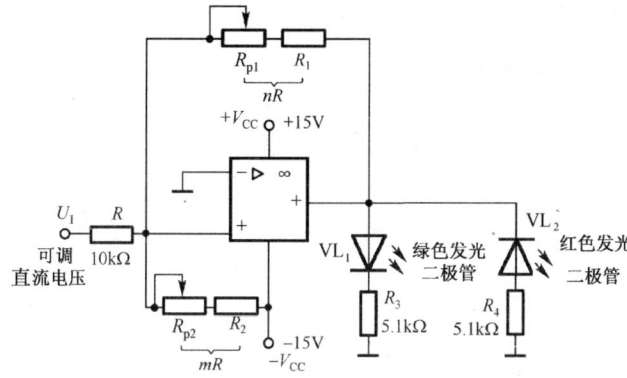

图 9.2.3　同相输入迟滞电压比较器实验电路图

四、实验内容及步骤

1. 设计图 9.2.3 所示的实验电路，要求：当直流电源调节到 13.5V 时，绿灯点亮，当其电压下降至 10.5V 时，红灯点亮。由实验电路可知：$U_R=-15V$，通常，U_{OM} 比电源电压 V_{CC} 小 1～2V，取 14V，代入公式可算出 m 与 n 的值。

2. 根据所设计的实验电路进行正确组装和连接，注意电源的极性和电压值。

3. 根据设计要求反复耐心地调节电路中的两个电位器 R_{p1} 和 R_{p2} 及可调直流稳压电源，以达到设计要求的 1%误差之内，然后记录实验结果，即红灯开始点亮时的电压 U_{LT}=_____V，绿灯开始点亮时的电压 U_{HT}=_____V。

4. 按照 U_{LT} = 4V，U_{HT} = 6V 的要求重新设计 nR 和 mR 的阻值，并调节电位器 R_{p1} 和 R_{p2} 的阻值，使实验结果的误差不超过设计要求的 5%，并记录 U_{LT}=_____V 和 U_{HT}=_____V。

5. 断开可调的直流电压源，接入大小合适（10~20V）的三角波输入电压，测量并画出其输入和输出电压波形。

五、预习要求

1. 熟悉具有滞回特性的电平检测器电路结构、工作原理及电压传输特性。

2. 按要求完成实验电路的设计，选择元件参数及调测步骤。

3. 按照 U_{LT} = 4V，U_{HT} = 6V 的设计要求重新设计电路参数，完成预习报告的写作。

六、注意事项

1. 电阻 nR 和 mR 的取值尽可能精确，否则，所测的实验结果误差会较大。

2. 电路中两个电源的地线必须等电位。

3. 将可调电阻 R_{p1} 和 R_{p2} 的阻值调节固定后再接入电路。

七、思考题

1. 测量图 9.2.3 所示电路中的电阻 nR 和 mR 的大小时，是否可以连接好电路后在电路中测量？为什么？

2. 实验内容及步骤 5 中接入的三角波的幅值必须大于多少？若太小会产生什么问题？

3. 如果将本实验设计中要求的电压值 10.5V 改为 11.5V，13.5V 改为 12.5V，此时应如何改动电路参数？

9.3 二极管的判断及直流稳压电源电路

一、实验目的

1. 学会用指针式万用表简易判别晶体管的电极和性能优劣的方法。
2. 了解单相整流、滤波和稳压电路的工作原理。
3. 学会直流稳压电源电路的设计与调测方法。
4. 掌握集成稳压器的特点，会合理选择和使用。

二、实验仪器及元器件

1. 数字万用表　2. 指针式万用表　3. 变压器
4. 二极管及全波整流电桥　5. 稳压芯片　6. 电阻和电容

三、实验原理

1. 二极管极性及其性能判别

晶体二极管是具有单向导电性的半导体两极器件。它由一个 PN 结加上相应的引线和管壳组成，用符号"⊷"表示，本符号中右边为正极，接 P 型半导体，左边为负极，接 N 型半导体。根据二极管制造时所用的材料不同，可分为硅管和锗管两种：硅管的正向压降一般为 0.6~0.7V，锗管的正向压降则一般为 0.2~0.3V。

用指针式万用表判别二极管的极性，其测量原理主要根据万用表的内部结构和 PN 结的单向导电性进行。如果二极管性能正常，电阻值小时,黑表笔所接的电极(引脚)为二极管的正极,另一电极(引脚)为负极。

选择合适的量程(如 $R\times100\Omega$ 或 $R\times1k\Omega$)判别二极管的极性,红表笔接二极管的负极,黑表笔接二极管的正极,此时所测的是二极管正向电阻,阻值较小;红、黑表笔反接后(且将量程改为 $R\times10k\Omega$ 挡)所测的是二极管反向电阻,阻值很大,性能优;如果所测的正、反向电阻阻值均为无穷大,则表明该二极管内部断路;如果所测的正、反向电阻阻值均为零或很小,则表明该二极管内部短路;如果所测的正、反向电阻阻值接近,则性能严重恶化。

2. 直流稳压电源的组成

在电子电路及设备中,一般都需要稳定的直流电源供电,而交流电便于输送和分配,所以许多场合和设备中需要的直流电,都通过直流稳压电源将交流电变成稳定的直流电。

直流稳压电源一般由 4 部分组成,如图 9.3.1 所示。

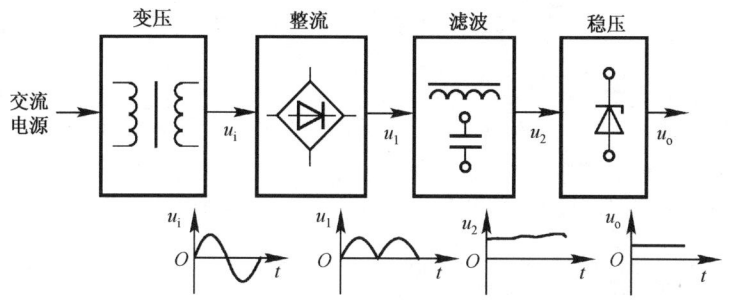

图 9.3.1 直流稳压电源的基本框图

电源变压器将电网电压(220V 或 380V,50Hz)变换为整流电路所需要的交流电压。整流电路将变压器的次级交流电转换为单向脉动的直流电。滤波电路将整流后的纹波滤除,将脉动的直流电变换为平滑的直流电。经整流、滤波后的直流电仍不稳定,随电网电压的波动或负载的变化而变化,所以必须加稳压电路来克服这种变化,以便得到一个纹波小、不随电网电压和负载变化的稳定的直流电源。

本次实验采用桥式整流、电容滤波的形式,电路的输出电压为 $U_{I(AV)} = (0.9 \sim \sqrt{2})U_2$,其系数大小主要由负载电流的大小来决定。负载电阻很小时,$U_{I(AV)} = 0.9U_2$;负载电阻开路时,$U_{I(AV)} = \sqrt{2}U_2$,工程上常取 $U_{I(AV)} = 1.2U_2$。滤波电容满足 $C \geqslant (3 \sim 5)T/2R_L$($T = 0.02s$)时,才有较好的滤波效果。

稳压电路采用集成稳压器进行稳压。

3. 三端集成稳压器

集成稳压器的种类很多,目前使用的大多是三端式集成稳压器。常用的有以下 4 个系列:固定正电压输出的集成稳压器 78×× 系列、固定负电压输出的集成稳压器 79×× 系列、可调的正电压输出的集成稳压器 117/217/317 系列、可调的负电压输出的集成稳压器 137/237/337 系列。其 TO-220 封装的集成稳压器引脚位置和功能如图 9.3.2 所示。

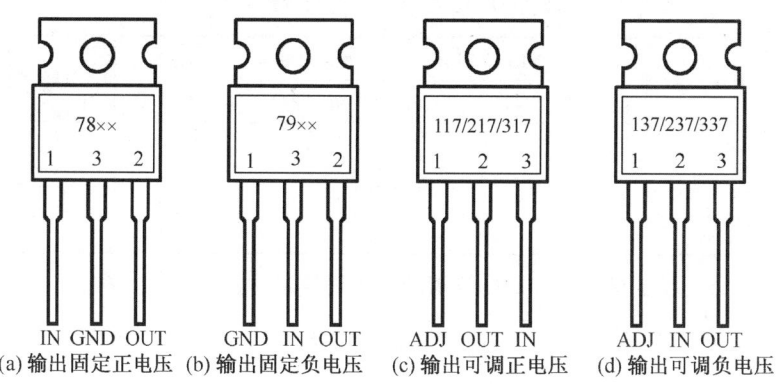

(a) 输出固定正电压 (b) 输出固定负电压 (c) 输出可调正电压 (d) 输出可调负电压

图 9.3.2 集成稳压器引脚位置和功能图

几种典型的集成稳压器的主要技术指标如表 9.3.1 所示。

表 9.3.1 典型的集成稳压器的主要技术指标

参数名称/单位	CW7805	CW7812	CW7912	CW317
输入电压/V	+10	+19	−19	≤40
输出电压范围/V	+4.75~+5.25	+11.4~+12.6	−11.4~−12.6	+1.2~+37
最小输入电压/V	+7	+14	−14	+3≤U_i−U_o≤+40
电压调整率/mV	+3	+3	+3	0.02%/V
最大输出电流/A	加散热片可达 1A			1.5

四、实验内容及步骤

1. 二极管的极性和性能的判断

用指针式万用表的欧姆挡 $R\times100\Omega$、$R\times1\mathrm{k}\Omega$ 分别测量硅和锗两种材料的二极管的正向电阻值,$R\times10\mathrm{k}\Omega$ 测量其反向电阻值,分别记录测量结果于表 9.3.2 中。性能判别分好(优)、一般、差(坏)3 种。并在对应的符号极性实物示意图栏目中画出二极管对应的极性符号图。

表 9.3.2 二极管的极性和性能测试

所测二极管型号	正向电阻值		反向电阻值	对应的符号极性	性能
	$R\times100\Omega$	$R\times1\mathrm{k}\Omega$	$R\times10\mathrm{k}\Omega$		
硅管					
锗管					

2. 固定正电压输出的直流稳压电源实验电路

(1) 正确设计和组装由 CW7812 组成的直流稳压电源电路,如图 9.3.3 所示。

该电路中,C_1 为低频滤波电容,其容值较大,通常取几百到几千 μF,且应采用不低于 $2U_2$ 耐压的电容;C_2、C_3 为高频滤波电容,其容值较小,通常取零点几 μF 即可。该电路中的 R_L 为负载电阻,必须使用大功率的电阻(8W),阻值可取 100Ω 左右。按此选取的一组参数如图 9.3.3 所示,供参考。

(2) 调节变压器 TD 的位置,使 U_2 为所设计的值,即满足 $U_{I(AV)}=1.2U_2=19\mathrm{V}$(CW7812 典型输入电压为 19V,参见表 9.3.1),测量表 9.3.3 所示的参数。

(3) 分别测量集成稳压器输出端空载和带载时的电压值 U_o 和 U_{oL},以及流过负载电阻的电流 I_{oL},计算输出电阻 R_o 的阻值 $R_o=\dfrac{\Delta U_o}{\Delta I_o}=\dfrac{U_o-U_{oL}}{I_{oL}}$。

(4) 电压调整率 S_i 的计算:$S_i=\left.\dfrac{U_o-U_{oL}}{U_o}\right|_{\substack{\Delta U_i=0\\ \Delta T=0}}\times100\%$。

(5) 根据以上的测量结果,计算输入纹波系数 γ_i、输出纹波系数 γ_o 及纹波抑制比 S_{nip}。

$$\gamma_i=\dfrac{U_{i\sim}}{U_i},\qquad \gamma_o=\dfrac{U_{oL\sim}}{U_{oL}},\qquad S_{nip}=20\lg\dfrac{U_{i\sim}}{U_{oL\sim}}$$

(6) 调节变压器,使 U_2 增大 10%,模拟电网电压为 220+22V 的情形,测量此时集成稳压器对应的输出电压 U'_{oL} 和输入电压 U'_i;调节变压器,使 U_2 减小 10%,模拟电网电压为 220−22V 的情形,测量此时集成稳压器对应的输出电压 U''_{oL} 和输入电压 U''_i,计算稳压系数 $S_U=\left.\dfrac{(U'_{oL}-U''_{oL})/U_{oL}}{(U'_i-U''_i)/U_i}\right|_{\substack{\Delta I_o=0\\ \Delta T=0}}\times100\%$。将测量结果和计算结果填入表 9.3.4。

3. 正电压输出可调的直流稳压电源实验电路

(1) 正确设计和组装由 CW317 组成的直流稳压电源电路,如图 9.3.4 所示。

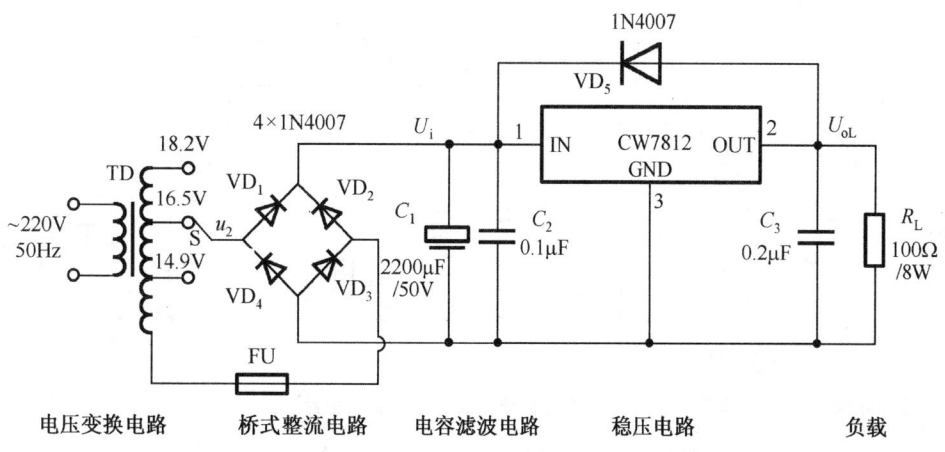

图 9.3.3 由 CW7812 组成的直流稳压电源电路

表 9.3.3 直流电源电路参数测试

电路名称	测量值						计算值				
	交流电压/V	直流			纹波电压/mV		输出电阻	电压调整率	输入纹波系数	输出纹波系数	纹波抑制比
		电压/V		电流/mA							
	U_2	U_i	U_o	U_{oL}	I_{oL}	$U_{i\sim}$	$U_{oL\sim}$	R_o	S_i	γ_i	γ_o	S_{nip}
CW7812												

(2) 此电路中滤波电容 C_1、C_2 和负载电阻 R_L 的要求同 CW7812 电路，C_3、C_4 采用 10～100μF 电容即可，R_1、R_2 可采用 100～300Ω 电阻，R_p 可采用 1kΩ 左右电位器。按此选取的一组参数如图 9.3.4 所示，供参考。

(3) 调节电位器 R_p，用万用表测量直流稳压电源输出电压最大值 U_{oLmax}_____ 和最小值 U_{oLmin} _____。

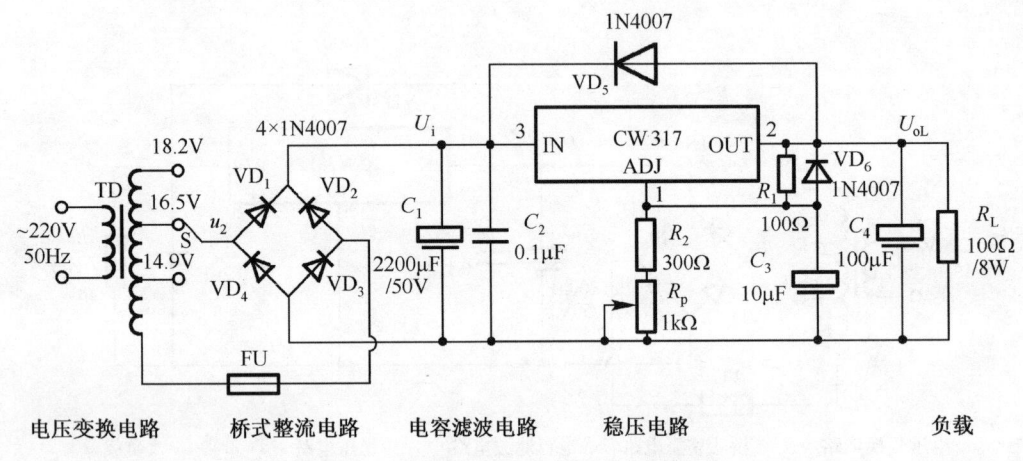

图 9.3.4 由 CW317 组成的直流稳压电源电路

表 9.3.4 稳压性能测试

参数	测量值						计算值
	交流电压/V		直流电压/V				稳压系数
	U_2'	U_2''	U_i'	U_i''	U_{oL}'	U_{oL}''	S_U
CW7812							

五、预习要求

1．预习二极管的特性及其工作原理。
2．预习直流稳压电源电路的组成及工作原理。
3．完成实验电路参数设计，画出正确、完整的实验电路。
4．理解、领会和明确实验内容，写出待测试参数的代号和公式等。

六、注意事项

1．不能用指针式万用表的小量程挡如 $R×1Ω$ 和 $R×10Ω$ 及最大量程 $R×10kΩ$ 测量工作极限电流小的二极管（尤其是锗管）的正向电阻值。

2．用指针式万用表判断二极管的性能和极性时，在选好量程后，应进行调零和简单必要的校对，方可进行测试，不致造成误测误判。

3．直流稳压电源电路实验的输入电压为 220V 的单相交流强电，实验时必须时刻注意人身和设备安全，千万不可大意，必须严格遵守接线、拆线时不带电，测量、调试和进行故障排除时人体绝不能触碰带强电的导体。

4．接线时必须十分认真、仔细，反复检查、确认组装和连接正确无误后才能通电测试。

5．变压器的输出端、整流电路和稳压器的输出端都绝不允许短路，以免烧坏元器件。

6. 千万不可用万用表的电流挡和欧姆挡测量电压,当某项内容测试完毕后,都必须将万用表置于交流电压最大量程。

7. 实验完成之后,必须在关掉电源之后才能拆除接线。

8. 电解电容有正负极性之分,不可接错,否则将烧坏电容。

9. 负载电阻 R_L 必须用大功率电阻(8W),绝不能用小功率电阻,否则将烧坏负载电阻。

七、思考题

1. 为什么不能用指针式万用表的 $R×1Ω$ 挡和 $R×10Ω$ 挡量程测量工作极限电流小的二极管的正向电阻值?

2. 用指针式万用表的不同量程测量同一只二极管的正向电阻值,其结果不同,为什么?

3. 桥式整流电容滤波电路的输出电压 $U_{I(AV)}$ 是否随负载的变化而变化?为什么?

4. 在测量 $\Delta U_{oL\sim}$ 时,是否可以用指针式万用表进行测量?为什么?

5. 图 9.3.3 所示电路中的 C_2 和 C_3 起什么作用?如果不用 C_2 和 C_3,将可能出现什么现象?

9.4 三极管的判断及共发射极放大电路

一、实验目的

1. 学会用指针式万用表简易判别三极管的极性和类型的方法。

2. 掌握放大器静态工作点的调试方法,了解电路中各元器件参数值对静态工作点的影响。

3. 掌握放大器的主要性能指标的调测方法。

二、实验仪器及元器件

1. 数字万用表 2. 指针式万用表 3. 函数信号发生器
4. 双踪示波器 5. 毫伏表 6. 三极管、电阻和电容

三、实验原理

1. 三极管的极性及类型判别

用指针式万用表判别三极管的极性,其测量原理主要根据万用表的内部结构和 PN 结的单向导电性进行。NPN 型和 PNP 型晶体三极管的等效结构分别如图 9.4.1 所示。

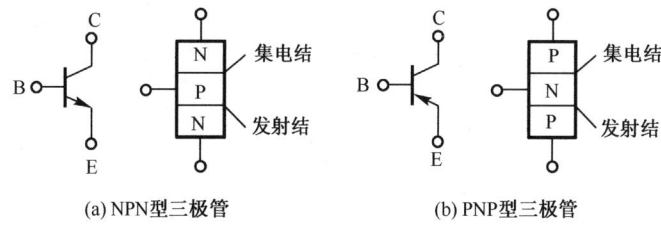

图 9.4.1 晶体三极管的等效结构

根据晶体管的结构,可用万用表判别晶体管的类型(NPN 型或 PNP 型)和 3 个电极等。其判别原理和方法如下。

(1)"两大两小"判断类型,找到基极 B

将万用表的功能选为"Ω",量程拨到 $R×100Ω$ 挡或 $R×1kΩ$ 挡。把黑表笔接到某一假设为基极的引脚上,红表笔分别接到其余两只引脚上。如果两次测得的电阻值都很大(或者都较小),则把红表笔接到假设的基极引脚,黑表笔分别接到其余两只引脚;如果两次所测得的电阻值都较小(或者都很大),则可确定所假设的基极是正确的,即简称为两大两小或者两小两大。如果两次测得的电阻值为一大一小,则

可确定假设是错的。这时就需要重新假设一个引脚为基极,再重复上述测试直到正确找到基极。基极确定的同时,也可判定三极管的类型:如果是黑表笔接基极,红表笔分别接其他两极时所测得的电阻值都较小,则说明该晶体三极管为 NPN 型,反之,则为 PNP 型。

(2) 构建放大状态,确定集电极 C 和发射极 E

此项判断须在完成前项判别确定三极管类型和基极的基础上进行。现以 NPN 型三极管为例进行判断。判断测试的 4 种等效电路分别如图 9.4.2 所示。

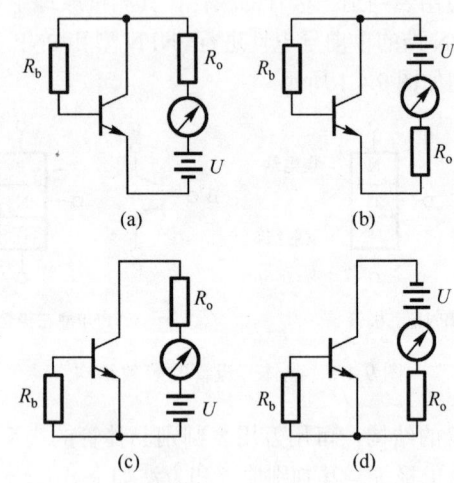

图 9.4.2　判断三极管集电极 C 和发射极 E 的等效电路

由等效电路图和三极管的工作原理可知,在正常情况下,按图 9.4.2(a)连接时,构成了三极管的共射放大状态,故此时流过表的电流最大,即电阻值最小。具体判断方法是:先把万用表拨到 $R\times 1k\Omega$ 挡,再把黑表笔接到假定的 C 极,红表笔接到假定的 E 极,并用两只手分别捏住 B、C 两电极(但绝不能使 B、C 直接接触)。通过人体,相当于 B、C 之间接入偏置电阻 R_b,读出并记下所测的电阻值。然后将红黑表笔对换位置重测重读。在总共 4 次测量读数中电阻值最小的一次,黑表笔所接的引脚为集电极 C,红表笔所接的引脚为发射极 E。若 4 次测量的电阻值差别不大,则说明该三极管性能严重恶化或损坏。有条件时,可用 100kΩ 左右的电阻作为 R_b 接入三极管判断等效电路中进行测量判别,则更为稳定可靠。

2. 共发射极放大电路

单级放大器是构成多级放大器和复杂电路的基本单元。要使放大器正常工作,必须设置合适的静态工作点。静态工作点 Q 的设置,一要满足放大倍数、输入电阻、输出电阻、非线性失真等各项指标的要求,二要满足当外界环境等条件发生变化时,静态工作点要保持稳定。

为了稳定静态工作点,经常采用具有直流电流负反馈的分压式偏置单管放大电路,如图 9.4.3 所示。电路中上偏置电阻 R_{b1} 由 R'_{b1} 和 R_p 串联组成,R_p 是为调节三极管静态工作点而设置的;R_{b2} 为下偏置电阻;R_c 为集电极电阻;R_e 为发射极电流负反馈电阻,起到稳定直流工作点的作用;C_1 和 C_2 为交流耦合电容;C_e 为发射极旁路电容,为交流信号提供通路;R_S 为测试电阻,以便测量输入电阻;R_L 为负载电阻。外加输入的交流信号 u_S 经 C_1 耦合到三极管基极,经过放大器放大后从三极管的集电极输出,再经 C_2 耦合到负载电阻 R_L 上。

(1) 静态工作点的估算与调整

分压式偏置放大电路具有稳定 Q 点的作用,在实际电路中应用广泛。实际应用中,为保证 Q 点的稳定,对于硅材料的三极管而言,估算时一般选取静态时 R_{b2} 流过的电流 $I_2=(5\sim 10)I_{BQ}$,$V_{BQ}=(5\sim 10)U_{BEQ}$。

该电路中+V_{CC} 可以采用+12V 直流电源,R_{b1}'、R_{b2} 可采用 10~30kΩ 电阻,R_p 可采用 300~500kΩ 电位器,R_c、R_e、R_S、R_L 可采用 1~5 kΩ 电阻,耦合电容 C_1、C_2 和旁路电容 C_e 可采用 10~30μF 电解电容,按此选取的一组参数如图 9.4.3 所示,供参考。

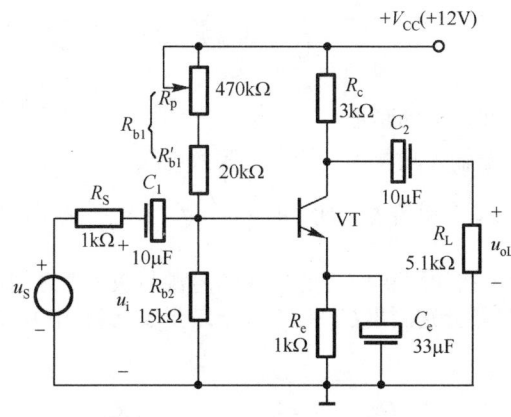

图 9.4.3　实验电路原理图

由分压式偏置电路的直流通路可得：

$$V_{BQ} \approx \frac{R_{b2}}{R_{b1}+R_{b2}}V_{CC}, \quad I_{CQ} \approx I_{EQ} = \frac{V_{BQ}-U_{BEQ}}{R_e}$$

$$I_{BQ} = \frac{I_{CQ}}{\beta}, \quad U_{CEQ} = V_{CC} - I_{CQ}(R_c+R_e)$$

（2）放大电路的动态指标

根据理论分析和工程估算法，可得到图 9.4.3 所示的单管放大器电路正常工作时的主要动态性能指标如下：

交流电压放大倍数：$\dot{A}_u = -\dfrac{\beta(R_L//R_c)}{r_{be}}$

输入电阻：$r_i = R_{b1}//R_{b2}//r_{be}$

输出电阻：$r_o \approx R_c$

其中，r_{be} 为三极管输入电阻，其值为 $r_{be} = r_{bb'} + (1+\beta)\dfrac{U_T}{I_{EQ}}$，$r_{bb'}$ 为基区体电阻，可查手册，如无特殊说明，则近似取值为 300Ω，U_T 称为热电压，常温下取值 26mV。

需要注意，测量放大电路的动态指标必须在输出波形不失真的条件下进行。

（3）放大电路电压增益的幅频特性和通频带

放大电路电压增益是频率的函数，电压增益的大小与频率的函数关系即是幅频特性。实验中，常用逐点法或扫描法来测量电压增益的幅频特性曲线。

四、实验内容及步骤

1. 三极管类型和电极的判断

选用一只常用的塑封小功率三极管，如 9011 型三极管等，用指针式万用表的欧姆挡判别其类型（NPN 或 PNP 型）和 3 只引脚对应的电极位置，然后分别用 E（发射极）、B（基极）、C（集电极）标注在图 9.4.4 所示对应的引脚中。

2. 正确设计和组装共发射极放大电路

（1）根据实验电路原理图 9.4.3 和所设计选定的参数，正确搭建实验电路。

图 9.4.4　三极管引脚位置标注示意图

（2）组装之前须测量和调节电源电压，使其为所需要的值，并注意电源的极性和信号源的接地线都不能接错，不能带电接线。

（3）将功率函数信号发生器的输出波形选择为正弦波，调节信号的频率为 1kHz 左右，幅值 15～20mV，并按照图 9.4.3 中 u_S 的极性要求接入放大器的输入端。

（4）将示波器的各开关、旋钮选择在相应合适的挡位，并将其测试连接线接到放大器的输出端，完成实验电路搭建。

3. 静态工作点的调节与测量

（1）静态工作点的调节

反复调节电位器 R_p 和功率函数信号发生器的输出幅度细调旋钮，使三极管工作在放大区，并且有合适的工作点。此时示波器显示的放大器输出正弦波形不失真，且有很大的电压放大倍数（一般 $|\dot{A}_u|$ 为几十倍到 200 倍之间），表示放大器的直流工作点调试完成。

（2）静态工作点的测量

完成直流工作点的调节之后，断开输入信号，再用万用表测量此时放大器的静态工作点，并记录于表 9.4.1 中。其中，I_{EQ} 和 I_{CQ} 一般用所测的相应电压和已知的电阻值通过计算确定，即间接测量方法得到。为了理论分析计算，此时应测出电位器 R_p 的阻值 _____ Ω。

表 9.4.1 放大器静态工作点测量记录表

测量值（V）				计算值（mA）	
U_{CEQ}	U_{BEQ}	V_{EQ}	V_{CQ}	$I_{EQ}=V_{EQ}/R_e$	$I_{CQ}=(V_{CC}-V_{CQ})/R_c$

注意：一般硅管的 U_{BEQ} 为 0.7V 左右，$I_{EQ} \approx I_{CQ}$，否则为电路有误或测量错误。

4. 放大器动态性能指标的测量

（1）电压增益 A_u 的测量

接通放大器的输入信号，即保持原来调好的输入正弦波信号的频率和幅值，用示波器观察放大器输出端有放大且不失真的正弦波后，用万用表或毫伏表分别测出其输出电压 U_{oL} 和输入电压 U_i 的有效值（记录于表 9.4.2 中），即可得到电压增益

$$\dot{A}_u = -\frac{U_{oL}}{U_i}$$

（2）输入电阻 r_i 的测量

r_i 为放大器输入端看进去的交流等效电阻，它等于放大器输入端信号电压 U_i 与输入电流 I_i 之比，即 $r_i = \frac{U_i}{I_i}$。本实验采用换算法测量输入电阻。测量电路如图 9.4.5 所示。在信号源与放大器之间串入一个已知电阻 R_S，只要分别测出 U_S 和 U_i（记录于表 9.4.2 中），即可得知输入电阻为

$$r_i = \frac{U_i}{I_i} = \frac{U_i}{(U_S - U_i)/R_S} = \frac{U_i R_S}{U_S - U_i}$$

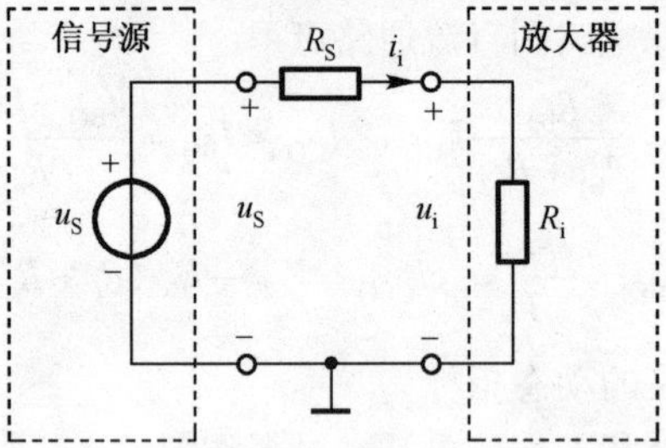

图 9.4.5 用换算法测量输入电阻 r_i 的电路

（3）输出电阻 r_o 的测量

r_o 是指放大器输出等效电路中将信号源视为短路，从输出端向放大器看进去的交流等效电阻。它的大小能够说明放大器承受负载的能力，其值越小，带负载能力越强。用换算法测量 r_o 的电路如图 9.4.6 所示，即

$$r_o = \left(\frac{U_o}{U_{oL}} - 1\right) R_L$$

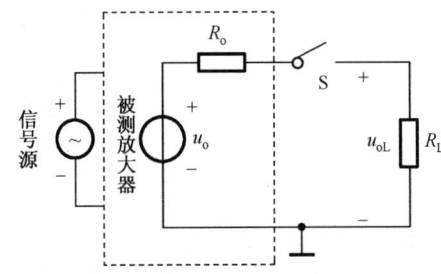

图 9.4.6 测量输出电阻 r_o 的电路

表 9.4.2 放大器动态参数测量与计算记录表

	U_S(mV)	U_i(mV)	U_{oL}(V)	U_o(V)
测量值				
测量计算值	$A_u = -\dfrac{U_{oL}}{U_i}$	$r_i = \dfrac{U_i R_S}{U_S - U_i}$ (kΩ)	$r_o = \left(\dfrac{U_o}{U_{oL}} - 1\right) R_L$ (kΩ)	
理论计算值	$A_u = -\dfrac{\beta(R_L // R_c)}{r_{be}}$	$r_i = R_{b1} // R_{b2} // r_{be}$ (kΩ)	$r_o \approx R_c$ (kΩ)	
相对误差				

以理论值为真值计算相对误差（为了减小理论计算误差，可用万用表测量 R_p 的实际值，从而得到 $R_{b1} = R'_{b1} + R_p$）。

*（4）幅频特性及通频带 f_{BW} 的测量

放大器的通频带 f_{BW} 是指放大器的增益下降到中频增益 $\dot{A}_u$ 的 0.707 倍时，所对应的上限频率 f_H 和下限频率 f_L 之差，即

$$f_{BW} = f_H - f_L$$

通频带的测量方法是：将放大器输入中频信号，如 $f = 1\text{kHz}$，在其输出端有正常的放大波形时，测出其电压值为 U_o，然后维持 U_i 不变，增加信号源的频率直到输出电压下降到 $0.707U_o$ 为止，此频率就是上限频率 f_H。同理保持 U_i 不变，降低信号源的频率直到输出电压下降到 $0.707U_o$ 为止，此频率就是下限频率 f_L，须多次反复调节信号源的频率和输出电压幅度才能完成测量。

记录上限频率 $f_H =$ _____ kHz，下限频率 $f_L =$ _____ kHz，计算 $f_{BW} =$ _____ kHz。

（5）3 种失真波形的调节与观察

① 既饱和又截止失真波形

大大增加信号源的输出电压幅度（必要时再略调 R_p），使放大器输出端同时出现正负向失真，将示波器观察到的失真波形画出。

② 饱和失真波形

降低 R_p 的值，使 U_{CEQ} 的值很小，即放大器工作在饱和区，示波器此时显示出的输出波形即为放大器的饱和失真波形（一般是指输出为负半周的波形被削平）。

③ 截止失真波形

增大 R_p 的值，使放大器工作在截止区，即 U_{CEQ} 很大，测画出示波器观察到的截止失真波形（一般是指输出为正半周的波形被削平）。将 3 种失真波形画在表 9.4.3 中。

表 9.4.3 失真波形的调节与观察

失真类型	截止失真	饱和失真	既饱和又截止失真
波形			

五、预习要求

1．预习三极管的特性及其工作原理。
2．预习共发射极放大电路的实验原理和测量方法。

3. 完成电路的参数设计，画出完整正确的实验电路图。
4. 明确实验内容，写出实验步骤。

六、注意事项

1. 用指针式万用表判断三极管的性能和极性时，在选好量程后，应进行调零和简单必要的校对，方可进行测试，不致造成误测误判。

2. 偏置电阻 R_{b1} 和 R_{b2} 的值不能取得太小，过小的偏置电阻会使静态功耗增大，且引起信号源的分流过大，使放大电路输入电阻变小。

3. 一般来说，C_1、C_2 和 C_e 越大，低频特性越好，但电容过大体积也大，既不经济又会增加分布电容，影响高频特性，且电容大的电解电容的漏电电流也大。电容的选择一般能满足放大电路的下限频率即可。

4. 为了静态工作点调节的方便，应该选择较大阻值的电位器 R_p。

5. 放大电路输入电压的幅值不能太大，一般为几至几十毫伏，否则输出信号会严重失真。

七、思考题

1. 能否用数字万用表测量图 9.4.3 所示放大电路的电压增益及幅频特性？为什么？

2. 如图 9.4.3 所示的电路中，一般是改变上偏置电阻 R_{b1} 来调节静态工作点，为什么？改变偏置电阻 R_{b2} 来调节静态工作点可以吗？调节 R_c 呢？为什么？

3. R_c 和 R_L 的变化对放大器的电压增益有何影响？

4. C_e 若严重漏电或容量失效而开路，分别会对放大器产生什么影响？

9.5 负反馈放大电路

一、实验目的

1. 了解负反馈放大电路的工作原理。
2. 加深理解放大电路中引入负反馈的方法和负反馈对放大器各项性能指标的影响。
3. 掌握负反馈放大器性能指标的测试方法。

二、实验仪器及元器件

1. 数字万用表 2. 函数信号发生器 3. 示波器
4. 毫伏表 5. 三极管、集成运放、电阻和电容

三、实验原理

负反馈在电子电路中有着非常广泛的应用。虽然它使放大器的放大倍数降低，但能在多方面改善放大器的动态性能和指标，如稳定放大倍数、改变输入/输出电阻、减小非线性失真和展宽通频带等，因此，几乎所有的放大器都带有负反馈。

负反馈放大器有 4 种组态或形式，即电压串联、电压并联、电流串联和电流并联负反馈。电压负反馈能起到稳定输出电压，降低放大器输出电阻的作用；电流负反馈能起到稳定输出电流，提高放大器输出电阻的作用；串联负反馈能提高放大器的输入电阻；并联负反馈能降低放大器的输入电阻。本实验以电压串联和电压并联负反馈为例，研究分析负反馈对放大器各项性能指标的影响。

1. 电压串联负反馈放大器

由分立元件组成的电压串联负反馈放大电路如图 9.5.1 所示。该

电路由两级单管放大器和反馈阻容器件 R_f 和 C_f 组成。在电路中通过把放大器的输出电压 U_o 引回到输入端,加在晶体管 VT_1 的发射极上,在发射极电阻(R_e+R_{e1})上形成反馈电压 U_f。

图9.5.1 所示电压串联负反馈放大器的主要性能指标如下。

(1) 闭环电压放大倍数

$$A_{uf} = \frac{A_u}{1+A_u F_u}$$

式中,$A_u = U_o/U_i$ 为两级放大器(无反馈时)的电压放大倍数,即开环增益;$(1+A_u F_u)$ 为反馈深度,它的大小决定了负反馈对放大器性能改善的程度。

(2) 反馈系数

$$F_u = \frac{R_{e1}+R_e}{R_{e1}+R_e+R_f}$$

(3) 输入电阻

$$r_{if} = (1+A_u F_u)r_i$$

式中,r_i 为无反馈时两级放大器的输入电阻(不包括偏置电阻)。

(4) 输出电阻

$$r_{of} = \frac{r_o}{1+A_{uo}F_u}$$

式中,r_o 为两级放大器的输出电阻;A_{uo} 为两级放大器的负载电阻 R_L 开路时的电压增益。

2. 电压并联负反馈放大电路

由于两级单管放大器组成的电压串联负反馈放大器电路较复杂,所用器件和连线多。下面介绍一种由集成运算放大器组成的电压并联负反馈放大器,其电路形式如图9.5.2 所示。

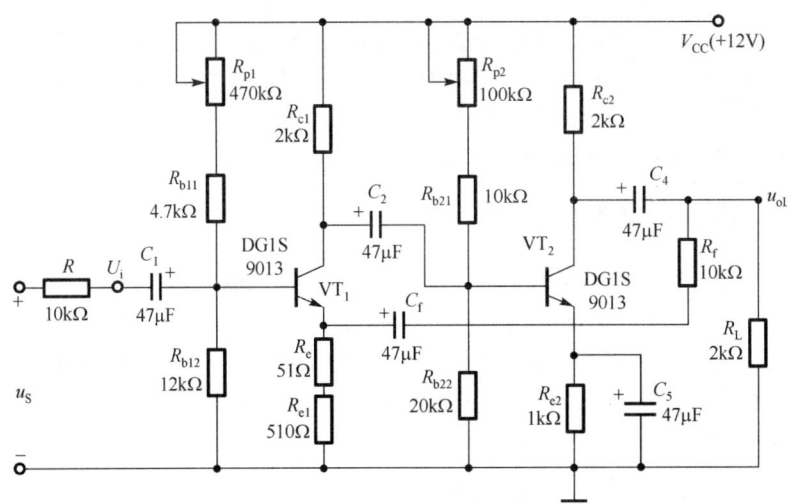

图9.5.1 电压串联负反馈放大电路

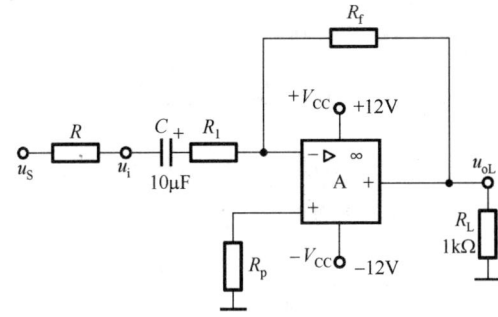

图9.5.2 电压并联负反馈放大电路

该电路主要由集成运放、反馈电阻 R_f、比例电阻 R_1、平衡电阻 R_p 及耦合电容 C 组成。根据运放的"虚断"和"虚短"概念可得该电路的闭环电压增益:$A_{uf} = U_{oL}/U_i = -R_f/R_1$。该式说明加了负反馈之后的电压增益与其他参数无关，只与 R_f 与 R_1 的比值有关，大大提高了电压增益的稳定性。电路中的反馈信号是从放大器的输出端通过反馈电阻 R_f 引入到运放的反相输入端的，构成电压并联负反馈，因此具有稳定输出电压、降低输出电阻和输入电阻的功能。

四、电路参数设计

设计一个由集成运放组成的电压并联负反馈放大器的实验电路。已知条件：$A_{uf}=-10$，运放的工作电源为 ±12V，并设运放的差模输入电阻 $r_{id}=2×10^7Ω$，运放的输出电阻 $r_o=100Ω$。设计、计算和确定其电路参数及运放型号，在电路中标注其引脚号，并画出完整、正确的实验电路图。其设计过程如下。

1. 电路形式及运放型号的确定

根据设计要求可选用图 9.5.2 所示的电路形式。运放可选用通用型运放 μA741 或双运放 LM358 等。

2. 反馈电阻 R_f 的设计与确定

最佳反馈电阻 $$R_f = \sqrt{\frac{r_{id} r_o (1-A_{uf})}{2}}$$

根据实验箱（台）中现有的电阻，取 $R_f=$_____。

3. 比例电阻 R_1 的设计确定

$$R_1 = \frac{R_f}{-A_{uf}}$$ 取 $R_1=$_____

4. 平衡电阻 R_2 的设计确定

$$R_2 = R_1 // R_f$$

为了减少电阻串、并联带来的接线增多，在实验中可取 R_f、R_1、R_2 为整数值，但必须满足 $R_f/R_1=10$ 的要求，R_2 可近似取值。

五、实验内容

1. 电压串联负反馈放大器

（1）正确连接组装图 9.5.1 所示两级单管放大器实验电路。断开反馈网络支路 C_f 和 R_f。

（2）将 $f=$1kHz，U_i 约为 5mV 的正弦波信号输入放大器，调节电位器 R_{p1} 和 R_{p2}，使放大器输出放大且不失真的正弦波，再用交流电压表等分别测量 U_i、U_S、U_o（负载开路时）、U_{oL}（接有负载时）、f_H 和 f_L 的值，记录于表 9.5.1 中，并计算开环放大电路的性能指标。

（3）关掉电源，接入反馈网络支路 C_f 和 R_f。然后开启电源，输入与（2）中相同的正弦波信号，适当调节电路，使放大器输出放大且不失真的正弦波，用交流电压表等分别测量 U_{Sf}、U_{if}、U_{of}（负载开路时）、U_{oLf}（接有负载时）、f_{Hf} 和 f_{Lf} 的值，记录于表 9.5.1 中，并计算闭环放大电路的性能指标。

表 9.5.1 电压串联负反馈放大器实验数据记录表

	测 量 值						计 算 值				
开环放大电路	U_S/mV	U_i/mV	U_{oL}/V	U_o/V	f_H/kHz	f_L/kHz	$A_u=-U_{oL}/U_i$	$A_{uo}=-U_o/U_i$	$r_i=U_iR/(U_S-U_i)$	$r_o=(U_o/U_{oL}-1)R_L$	$f_{BW}=f_H-f_L$
闭环放大电路	U_{Sf}/mV	U_{if}/mV	U_{oLf}/V	U_{of}/V	f_{Hf}/kHz	f_{Lf}/kHz	$A_{uf}=-U_{oLf}/U_{if}$	$A_{uof}=-U_{of}/U_{if}$	$r_{if}=U_{if}R/(U_{Sf}-U_{if})$	$r_{of}=(U_{of}/U_{oLf}-1)R_L$	$f_{BWf}=f_{Hf}-f_{Lf}$

（4）改变负载电阻 R_L 的值，测量负反馈放大器的输出电压以验证负反馈对输出电压的稳定作用，记录测量数据于表 9.5.2 中。

表 9.5.2　负载变化时实验数据记录表

	开环放大电路		闭环放大电路	
R_L	2kΩ	5.1kΩ	2kΩ	5.1kΩ
U_{oL}				

2．电压并联负反馈放大器

（1）根据要求正确组装图 9.5.2 所示的实验电路，调节函数信号发生器有关旋钮，使输入信号为有效值 U_i=100mV，频率 f=1kHz 的正弦波信号，使放大器能正常地按要求放大信号。

（2）用交流电压表等仪器分别测量 U_i、U_S、U_o、U_{oL}、f_H、f_L 的值，记录于表 9.5.3 中。

（3）将图 9.5.2 所示电路中的电阻 R_f 改为 $3R_f$ 后接入电路中，其余参数不变，再用交流电压表等仪器分别测量 U_i、U_S、U_o、U_{oL}、f_H、f_L 的各项值，记录于表 9.5.3 中，并计算出电压增益、输入电阻、输出电阻及通频带的值。

3．观察负反馈对非线性失真的改善

（1）断开图 9.5.1 所示电路中的反馈网络支路 C_f 和 R_f，在输入端加入 f=1kHz 的正弦波信号，输出端接示波器，逐渐增大输入信号的幅度，使输出波形刚出现失真（但失真不严重），记下此时的波形和输出电压的幅度。

（2）接入图 9.5.1 所示电路中的反馈网络支路 C_f 和 R_f，构成电压串联负反馈放大器，增大输入信号幅度，使其输出电压幅度的大小与（1）中的相同，比较有负反馈时，输出波形的变化，并记录其波形。

（3）比较分析放大器在引入负反馈后对非线性失真的改善情况。

六、预习要求

1．预习实验原理，理解负反馈放大器的 4 种组态。

2．根据所给的条件，完成实验电路参数的设计，画出完整、正确的实验电路。

3．明确和理解必做的实验内容，画出须测量、记录的表格。

表 9.5.3　电压并联负反馈放大器实验数据记录表

	测　量　值						计　算　值			
	U_i/mV	U_S/mV	U_o/V	U_{oL}/V	f_H/kHz	f_L/kHz	$A_{uf}=-U_o/U_i$	$r_{if}=U_iR/(U_S-U_i)$	$r_{of}=(U_o/U_{oL}-1)R_L$	$f_{BW}=f_H-f_L$
$A_{uf}=-10$										
$A_{uf}=-30$										

七、思考题

1．负反馈放大器有哪 4 种组成形式？各种组成形式的作用是什么？

2．如果把失真的信号加入到放大器的输入端，能否用负反馈的方式来改善放大器输出波形的失真？

3．若本实验的电压串联负反馈电路是深度负反馈，试估算其电压放大倍数。

9.6 波形产生电路

一、实验目的

1. 了解集成运算放大器在信号产生方面的广泛应用。
2. 掌握由集成运放构成的正弦波发生器、方波三角波发生器的电路组成及工作原理。
3. 掌握上述波形产生电路的设计和调试方法及振荡频率和输出幅度的测量方法。

二、实验仪器

1. 示波器　2. 实验箱　3. 集成运放　4. 电阻和电容
5. 二极管　6. 稳压二极管

三、实验原理

在集成运放的输入和输出端之间施加正反馈或正负反馈结合构成各种信号产生电路，产生正弦波、方波、矩形波、三角波、锯齿波等。下面分别对部分波形产生电路的结构、组成和工作原理进行分析和讨论。

1. 正弦波信号发生器

正弦波发生器的原理电路如图 9.6.1 所示，称为文氏电桥正弦波产生电路。图中 R_1、C_1、R_2、C_2 串并联网络构成正反馈支路，R_3、R_4、R_p、R_5 等构成负反馈支路，反馈电阻 $R_f = R_4 + R_p + R_5 // R_D$，电位器 R_p 用于调节反馈深度以满足起振条件和改善波形，二极管 VD_1、VD_2 利用其自身正向导通电阻的非线性来自动调节电路的闭环放大倍数，以稳定波形的幅度。

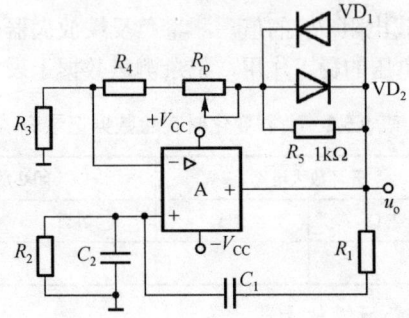

图 9.6.1　文氏电桥正弦波发生器原理电路

根据图 9.6.1 所示的电路和自激振荡的基本条件，电路参数取值应满足 $A_{uf} = 1 + \dfrac{R_f}{R_3} \geqslant 3$，即 $R_f \geqslant 2R_3$ 时电路才能维持振荡输出。当电路中取 $R_1 = R_2 = R$，$C_1 = C_2 = C$ 时，电路振荡频率为 $f = \dfrac{1}{2\pi RC}$。

2. 方波和三角波信号发生器

方波和三角波发生器的原理电路如图 9.6.2 所示。A_1 构成同相输入的迟滞比较器，A_2 构成反相积分电路。比较器中集成运放工作在非线性区，其输出端通常只有高电平和低电平两种状态，即 $u_+ > u_-$ 时，输出高电平，$u_+ < u_-$ 时，输出低电平。积分器中运放工作在线性区，由于 $u_+ = u_- \approx 0$，$i_+ = i_- \approx 0$，所以 $i_R = i_C$，则有

$$u_o = -u_C = -\dfrac{1}{C}\int \dfrac{u_{o1}}{R+R_p}dt = -\dfrac{u_{o1}t}{(R+R_p)C} = -\dfrac{U_Z t}{(R+R_p)C}$$

A_1 在输出电平跳转瞬间满足 $u_+ = u_- \approx 0$，$i_+ = i_- \approx 0$，所以

$$i_{R2} = i_{R3} = \dfrac{U_Z}{R_3}$$

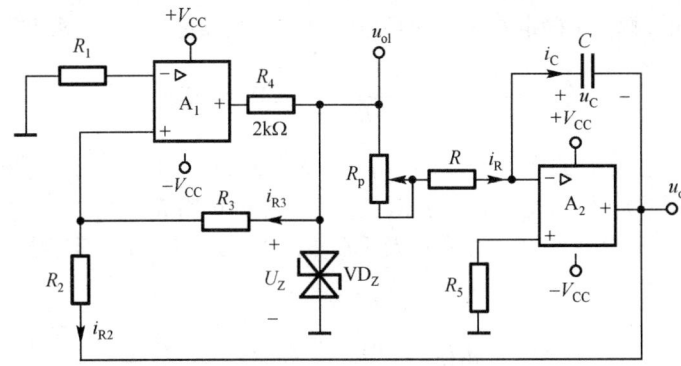

图 9.6.2 方波、三角波发生器原理电路

当 $t=t_1$ 时（参见图 9.6.3 所示的输出波形），三角波有最大峰值

$$U_{OM} = -i_{R2}R_2 = -\frac{R_2 U_Z}{R_3}$$

即 $U_{OM} = \dfrac{-U_Z}{(R_p+R)C}t_1 = -\dfrac{R_2 U_Z}{R_3}$，所以 $t_1 = \dfrac{CR_2(R+R_p)}{R_3}$。

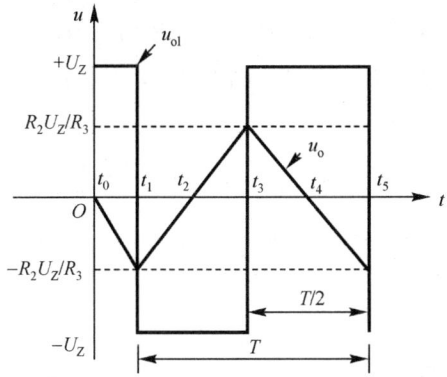

图 9.6.3 方波、三角波发生器输出波形

从波形图中可知方波三角波的周期为

$$T = 4t_1 = \frac{4CR_2(R+R_p)}{R_3}$$

故两种波形的频率为

$$f = \frac{1}{T} = \frac{R_3}{4CR_2(R+R_p)}$$

输出方波电压幅度由稳压管的稳压值决定，三角波的幅值由稳压值和电阻 R_2、R_3 共同决定，而振荡频率 f 与电阻 R_2、R_3、R 和电容 C 及电位器 R_p 均有关。

四、实验内容及步骤

1. 正弦波发生器实验电路的调测

（1）设计一种用集成运放等器件组成的文氏电桥正弦波发生器实验电路。已知电源电压为 ±12V，要求振荡频率 $f=1591.5\text{Hz}$。设计、计算、选择器件型号和参数，画出完整、正确的实验电路。

参考设计方法如下：

① 集成运放型号的确定：本实验要求工作电源电压为 ±12V，振荡频率要求不高，所以可选用通用型运放 μA741 或 LM358 等。

② 选频元件 R 和 C 的确定：根据实验原理和设计要求得知

$$f = \frac{1}{2\pi RC} = 1591.5\text{Hz} \Rightarrow C = \frac{1}{2\pi Rf}$$

R 的阻值与运放的输入电阻 r_i 和输出电阻 r_o 应满足 $r_i \gg R \gg r_o$，然后再计算 C 的电容值。

③ 二极管型号确定：为提高电路的温度稳定性，VD_1、VD_2 应选用硅管，其特性参数应尽可能一致，以保证输出波的正负半波对称。本实验电路对二极管的耐压和工作电流要求不高，可选用 4148 型或 1N4001 型二极管。

④ 负反馈网络电阻值的确定：为了减小偏置电流的影响，应尽量满足或接近 $R = R_f // R_3$。取 $R_3 \geq R$，考虑到振荡条件，则 $R_f = R_4 + R_p/2 + R_5/R_D \approx R_4 + R_p/2 + R_5/2 \geq 2R_3$，先选定 R_p 和 R_5 的阻值，即可算出 R_4 的值，然后选取确定。R_5 越小，对二极管非线性削弱越大，波形失真越小，但稳幅作用也同时被削弱，R_5 的取值应注意两者兼顾。

（2）正确组装所设计的正弦波发生器实验电路。

（3）调节 R_p 等参数使电路振荡输出失真最小的正弦波。

（4）测画其输出波形，标注正负幅值和周期 T，以及单位和坐标等。

（5）计算频率实测值及与理论值的误差，分析其产生误差的最主要原因（要求指明元器件名称及代号）。

2．方波和三角波发生器实验电路的调测

（1）设计一种用集成运放等器件组成的方波和三角波发生器实验电路。已知运放电源为 $\pm 12V$，要求振荡频率为 $100\sim 500Hz$ 可调，方波和三角波输出幅度分别为 $\pm 6V$、$\pm 3V$，误差均为 $\pm 10\%$。设计、计算、选择器件型号和参数，画出完整、正确的实验电路。

参考设计方法如下：

① 集成运放型号确定：本实验要求振荡频率不高，所以可选通用型运放 LM358 或 μA741 等。

② 稳压管型号和限流电阻 R_4 的确定：根据设计要求，方波幅度为 $\pm 6V$，误差为 $\pm 10\%$，所以可查手册选用满足稳压值为 $\pm 6V$，误差为 $\pm 10\%$，稳压电流 $\geq 10mA$，且温度稳定性好的稳压管型号，如 2DW231 或 2DW7B 等。

$$R_4 \geq \frac{U_{OM} - U_{Zmin}}{I_{ZM}} = \frac{12V - 5.4V}{30mA} = 220\Omega，取 R_4 = 2k\Omega$$

③ 分压电阻 R_2、R_3 和平衡电阻 R_1 的确定：R_2、R_3 的作用是提供一个随输出方波电压而变化的基准电压，并决定三角波的幅值。一般根据三角波幅值来确定 R_2 和 R_3 的阻值。根据电路原理和设计要求可得

$$U_{OM} = \frac{-U_Z R_2}{R_3} = \frac{\pm 6V \times R_2}{R_3} = \pm 3V \Rightarrow R_3 = 2R_2$$

先选取 R_2 的电阻值（一般情况下 $R_2 \geq 5.1k\Omega$，取值太小会使波形失真严重），然后也就确定了 R_3 的阻值。平衡电阻 $R_1 = R_2 // R_3$。

④ 积分元件 R_p、R 和 C 及平衡电阻 R_5 的确定：根据实验原理和设计要求，应有

$$f_{max} = 500Hz = \frac{R_3}{4CR_2 R}，即 R = \frac{R_3}{4CR_2 f_{max}}$$

选取 C 的值，并代入已确定的 R_2 和 R_3 的值，即可求出 R。为了减小积分漂移，C 应取大些，但太大则漏电流大，一般积分电容 C 不超过 $1\mu F$。

$$f_{min} = 100Hz = \frac{R_3}{4CR_2(R + R_p)}，即 R_p = \frac{R_3}{4CR_2 f_{min}} - R，平衡电阻 R_5$$

可取 $10k\Omega$ 或者取 $R_5 = R$。

（2）正确组装所设计的方波和三角波发生器实验电路，使电路振荡输出方波和三角波，并调节 R_p，使波形周期为 5ms。

（3）测画出方波和三角波，画上坐标，并标注周期和各自的正负幅值。

（4）调节 R_p，测出 T_{max} 和 T_{min} 的值，并计算 $f_{max} = \frac{1}{T_{min}}$ 和 $f_{min} = \frac{1}{T_{max}}$ 的值，然后与理论值进行比较，分析产生误差的最主要原因（要求指明元器件的名称及代号）。

五、预习要求

1．预习正弦波、方波和三角波发生器电路的工作原理。

测试时，将与非门中的一个输入端接可变电压 U_I，其余端接高电平，得出输出电压 U_O 随输入电压 U_I 变化的关系曲线。TTL 与非门电路的电压传输特性如图 9.7.2 所示。结合传输特性曲线，列出 TTL 与非门电路的几个主要电压传输参数。

① 输出高电平 U_{OH} 和输出低电平 U_{OL}

输出高电平 U_{OH} 是指当与非门有一个或一个以上的输入端接地或低电平时的输出电压值，由曲线可知，其输出高电平为 AB 段的输出电压，典型值为 3.6V，当输出空载时约为 4.2V，当输出接有拉电流负载时，U_{OH} 将下降，其容许最小值 U_{OHmin} 为 2.4V。

输出低电平 U_{OL} 是指当与非门输入端均接高电平或悬空时的输出电压值，由曲线可知，逻辑低电平为 DE 段的输出压降，典型值为 0.3V。当输出接有灌电流负载时，U_{OL} 将上升，其容许最大值 U_{OLmax} 为 0.4V。

② 开门电平 U_{ON}（U_{IHmin}）和关门电平 U_{OFF}（U_{IHmax}）

开门电平 U_{ON} 是指保持输出为低电平的最小输入高电平，一般 $U_{ON} \leq 1.8V$；关门电平 U_{OFF} 是指保持输出为额定高电平的 90%时的最大输入低电平，一般 $U_{OFF} \geq 0.8V$。

③ 阈值电平 U_{th}

阈值电平 U_{th} 是指在电压传输特性曲线的转折区中点附近的输入电平值，一般为 1.4V。当与非门输入电平为 U_{th} 时，输入的极小变化可引起输出状态的较大变化，利用这个特性，可以构成多谐振荡器。

④ 直流噪声容限 U_N

直流噪声容限 U_N 是指在最坏的条件下，输入端所允许的输入电压变化的极限范围。其中低电平直流噪声容限 U_{NL} 定义为 $U_{NL}=U_{OFF}-U_{OLmax}$；高电平直流噪声容限 U_{NH} 定义为 $U_{NH}=U_{OHmin}-U_{ON}$。

（4）扇出系数 N_O

扇出系数是指一个与非门能带同类门的最大数目，表示与非门的带负载能力。输出低电平时，假设因灌电流造成 U_{OL} 上升不超过 0.4V，则可以从相应的输出特性上查得最大允许的灌电流 I_{OLmax}，由此可算出低电平时的扇出系数为 $N_{OL}=I_{OLmax}/I_{ILmax}$。在输出高电平时，设因拉电流负载造成的 U_{OH} 的下降不低于 2.4V，则可以从相应的输出特性上查得最大允许的拉电流 I_{OHmax}，由此可算出高电平时的扇出系数为 $N_{OH}=I_{OHmax}/I_{IHmax}$。

（5）平均传输延迟时间 t_{pd}

实际电路中，在门电路输入端加上一个脉冲电压，其输出电压将在时间上产生一定的延迟，如图 9.7.3 所示。从输入脉冲上升沿的 50%处到输出脉冲下降沿的 50%处的时间，称为上升延迟时间 t_{pd1}；从输入脉冲下降沿的 50%处起到输出脉冲上升沿的 50%处的时间，称为下降延迟时间 t_{pd2}。平均传输延迟时间为 $t_{pd}=(t_{pd1}+t_{pd2})/2$。

2. TTL 与非门的逻辑功能

根据与非门的工作原理，输入端全为高电平时，输出为低电平，否则输出为高电平。实验时输入端的高、低电平可由逻辑开关提供，开关拨上为逻辑 1，拨下为逻辑 0，输出可由指示灯显示，输出高电平

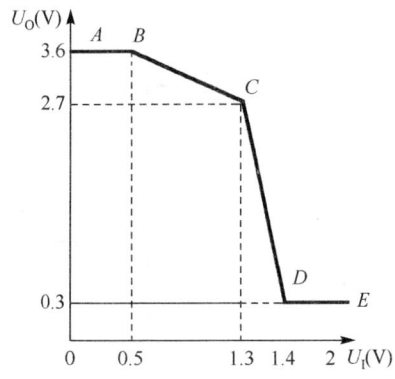

图 9.7.2 TTL 与非门的电压传输特性曲线

2. 根据设计要求，完成正弦波、方波和三角波实验电路的设计。
3. 理解领会实验内容和任务。

六、思考题

1. 在图 9.6.1 所示的电路中，若将 R_3 的阻值错用为正常值的 10 倍或 1/10，电路输出端将分别出现什么现象？

2. 在方波、三角波发生器实验中，要求保持原来所设计的频率不变，现需将三角波的输出幅值由原来的 3V 降为 2.5V，最简单的方法是什么？

9.7 TTL 与非门逻辑功能与电路参数测试

一、实验目的

1. 熟悉 TTL 与非门外形及引脚的排列。
2. 了解 TTL 逻辑门电路的主要参数及测量方法。
3. 熟悉 TTL 逻辑门电路的逻辑功能及测试方法。
4. 掌握数字电路与逻辑设计实验的基本操作规范。

二、实验仪器与器件

1. 数字逻辑实验箱 2. 指针式万用表 3. 双踪示波器、数字示波器 4. 四-2 输入与非门（74LS00） 5. 计算机和仿真软件

三、实验原理

集成逻辑门电路是最基本的数字集成元件，目前使用较普遍的双极型数字集成电路是 TTL 逻辑门电路，它的品种已超过千种。

1. TTL 与非门的参数

本实验采用的 74 系列 TTL 集成芯片是国际上通用的标准器件，有多种系列，图 9.7.1 所示为 74LS00 逻辑门器件的外引线排列图。其中内含 4 个 2 输入与非门，封装形式为双列直插式。TTL 与非门电路中，A、B 为输入端，Y 为输出端，输出关系为 $Y = \overline{AB}$。主要参数有以下几个。

（1）电源特性参数 I_{CCL} 和 I_{CCH}

I_{CCL} 是指输出端为低电平时电源提供给器件的电流，即逻辑门的输入端全部悬空或接高电平，且该门输出端空载时电源提供器件的电流；I_{CCH} 是指输出端为高电平时电源提供给器件的电流，即输入端至少有一个接地，输出端空载时电源提供器件的电流。图 9.7.1 所示的器件，4 个门的电源 V_{CC} 引线是连接在一起的，实验测量时，所测得的电流是单个门电流的 4 倍。

（2）输入高电平电流 I_{IH} 和输入低电平电流 I_{IL}

当与非门电路某一输入端为高电平，其余端为低电平时，流入该输入端的电流称为高电平电流 I_{IH}；当某一输入端接低电平，其余端接高电平时，从该输入端流出的电流称为输入低电平电流 I_{IL}。

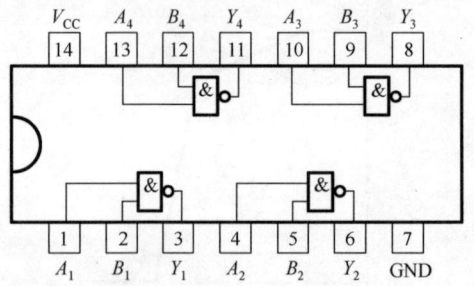

图 9.7.1 74LS00 引脚排列及逻辑符号

（3）电压传输特性参数

电压传输特性是指输出电压 U_O 随输入电压 U_I 变化的函数关系。

则指示灯亮,输出低电平则指示灯灭,这样就可根据指示灯的变化情况,确定输入与输出的逻辑关系。

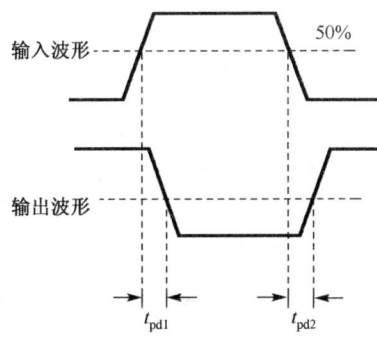

图 9.7.3　TTL 门电路传输延迟波形图

四、实验内容

（一）基础部分

1．TTL 与非门逻辑功能的测试

实验箱总开关置于 ON 状态,将一块 74LS00 固定在实验箱的插座上,连接 14 脚电源 V_{CC} 至实验箱+5V 端口,连接 7 脚 GND 至实验箱接地端口,从 74LS00 任选一个与非门,它的两个输入端 A、B 分别接逻辑开关,由开关提供输入的高、低电平,输出端接指示灯,由指示灯的亮、灭表示输出的高、低电平。改变开关状态,观察指示灯的变化,将实验结果记录在表 9.7.1 中。

表 9.7.1　TTL 与非门逻辑功能测试

A	B	Y
低	低	
低	高	
高	低	
高	高	

2．TTL 与非门的参数测试

① 电源电流 I_{CCL}、I_{CCH}。按图 9.7.4 所示连接电路,电流表串接在电源和集成块电源引脚之间,注意电流表的量程和极性。当所有的输入端悬空时,电流表的读数即为 $4I_{CCL}$；当所有的输入端接地时,电流表的读数即为 $4I_{CCH}$。则单个门的静态功耗最大值 $P_{max}=V_{CC}I_{CCL}$。记录:

单个门 I_{CCL}=＿＿＿＿＿＿,　单个门 I_{CCH}=＿＿＿＿＿＿。

单个门 P_{max}=＿＿＿＿＿＿。

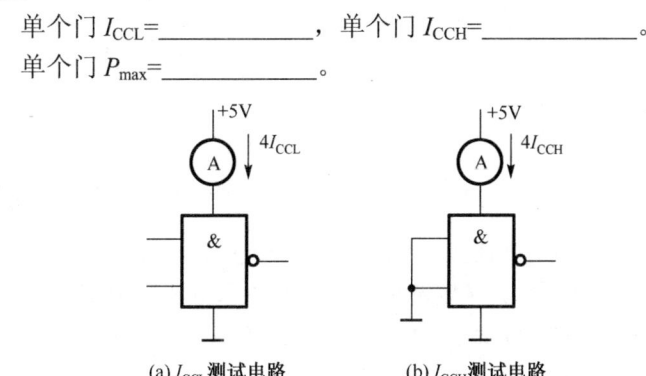

(a) I_{CCL} 测试电路　　　　　(b) I_{CCH} 测试电路

图 9.7.4　与非门电源特性参数测试电路

② 输入低电平电流 I_{IL}。按图 9.7.5 所示连接电路,与非门输入端中任取一个串联电流表接地,另一输入端悬空,记录电流表读数即为 I_{IL}。记录:

I_{IL}=＿＿＿＿＿＿。

③ 输入高电平电流 I_{IH}。按图 9.7.6 所示连接电路,与非门输入端中任取一个串联电流表接电源,另一输入端接地,记录电流表读数即为 I_{IH}。记录:

I_{IH}=＿＿＿＿＿＿。

④ 扇出系数 N_O。按图 9.7.7 所示连接电路,与非门输入端悬空,输出端接电压表,R_L 是由一个 200Ω 电阻和一个 4.7kΩ 可调电阻串联

而成的，调节可调电阻，同时观察并记录电压表读数 U_O，当其值为 0.4V 时，记录电流表读数 I_O，则 $N_O=I_O/I_{IL}$。记录：

$I_O=$ _____，$N_O=$ _____。

表 9.7.2　TTL 与非门电压测试记录表

U_I（V）	0	0.3	0.5	0.85	0.9	0.95	1.0
U_O（V）							
U_I（V）	1.05	1.1	1.15	1.2	1.3	1.4	1.5
U_O（V）							

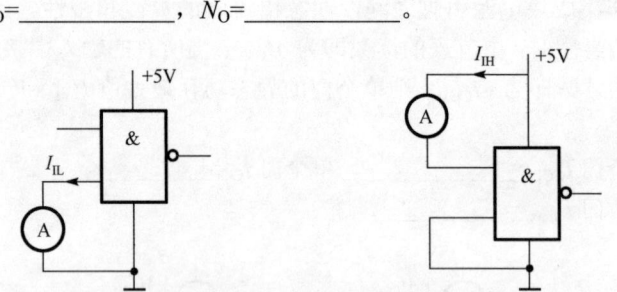

图 9.7.5　输入低电平电流测试电路　　图 9.7.6　输入高电平电流测试电路

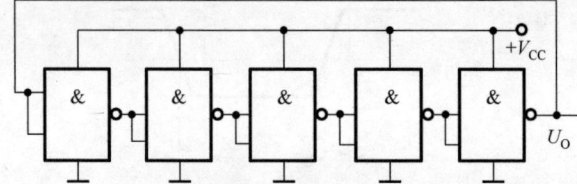

图 9.7.9　TTL 与非门 t_{pd} 测试电路

⑤ 电压传输特性曲线。按图 9.7.8 所示连接电路，调节电位器，输入电压从零逐渐增大（按表 9.7.2 所提供输入电压数据测量）。实验完成后根据所测数据，在直角坐标纸上画出传输特性曲线，并且在图上标出 U_{OL}、U_{OH}、U_{ON}、U_{OFF}、U_{th} 等参数。

（二）提高部分

用 Multisim 仿真软件设计 TTL 逻辑门电路的传输延迟 t_{pd} 测试电路。并用软件仿真该电路，求其传输延迟 t_{pd}。

五、预习要求

实验前必须认真预习、阅读所用集成芯片的使用说明，初步了解其引脚、逻辑功能和使用方法。

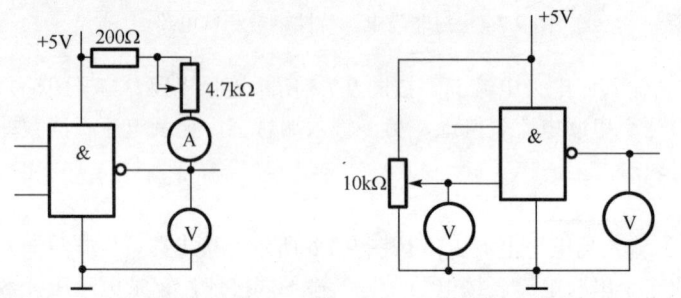

图 9.7.7　扇出系数测试电路　　图 9.7.8　电压传输特性曲线测试电路

⑥ 传输延迟 t_{pd} 的测试。测试电路如图 9.7.9 所示，用示波器观察振荡波形，从而求出传输延迟 t_{pd}。

六、思考题

1．实验用 TTL 74LS 系列集成电路电源电压的范围是多少？
2．为什么说与非门是万能门？试说明如何用二输入与非门实现与、或、非逻辑关系。
3．对于 TTL 与非门，输入端悬空相当于什么电平？多余的输入端，在实际接线中应如何处理？
4．推拉式 TTL 逻辑门输出端能否并联使用？为什么？

9.8 组合逻辑电路的设计

一、实验目的

1. 学习数字电路集成芯片的使用方法。
2. 熟悉组合逻辑电路设计的一般方法。
3. 掌握用中规模集成电路设计组合电路的方法。

二、实验仪器与器件

1. 逻辑实验箱 2. 万用表 3. 四-2输入与非门 4. 六反相器
5. 三-3输入与非门 6. 二-4输入与非门 7. 四-2输入异或门
8. 计算机和仿真软件

三、实验原理

组合逻辑电路的设计，一般可按以下5个步骤进行。
（1）根据任务要求把一个实际问题转化为逻辑问题，即逻辑抽象。
（2）根据实际逻辑问题的要求（输入、输出之间的逻辑关系），列出真值表，再由真值表写出逻辑函数表达式，或者根据要求直接写出逻辑函数表达式。
（3）进行逻辑化简和变换，得到最简逻辑函数表达式。根据采用的器件类型对逻辑式进行适当变换，如变换成与非-与非表达式、或非-或非表达式等。
（4）画出逻辑图，选择合适器件构成功能电路。
（5）检测电路是否正确，如果电路的稳定性不够好，须检查故障并修改电路的设计，使电路趋于完善。

在以上几个步骤中，第（1）步非常重要，需要通过正确理解题意，分析事件的逻辑关系，确定输入、输出变量，并以二值逻辑的0、1两种状态对输入变量和输出变量进行逻辑状态赋值，然后根据给定的逻辑关系列出逻辑真值表。同时，逻辑函数的化简也是一个重要的环节，通过化简，可以用较少的逻辑门实现相同的逻辑功能，达到降低成本，节约器件，增加电路可靠性的目的。

四、实验内容

（一）基础部分

1. 用2输入异或门和与非门设计一个路灯控制电路。当总开关闭合时，安装在3个不同地方的3个开关都能独立地控制灯的亮或灭；当总电源开关断开时，路灯不亮。

2. 设计一个密码锁。密码锁的密码可以由设计者自行设定，设该锁有规定的4位二进制代码 $A_3A_2A_1A_0$ 的输入端和一个开锁钥匙信号 B 的输入端，当 $B=1$（有钥匙插入）且符合设定的密码时，允许开锁信号输出 $Y_1=1$（开锁），报警信号输出 $Y_2=0$；当有钥匙插入但是密码不对时，$Y_1=0$，$Y_2=1$（报警）；当无钥匙插入时，无论密码对否，$Y_1=Y_2=0$。

3. 用双四选一数据选择器74LS153来实现3人表决电路。

4. 工厂有3个车间，每个车间各需1kW电力，共有两台发电机供电，一台是1kW，另一台是2kW。3个车间有时只有一个车间工作，有时两个车间或3个车间工作，为了节省资源，又保证电力供应，请设计一个逻辑控制电路，能自动完成配电任务。

完成上述设计，写出设计过程，搭接完成逻辑电路并测试其功能，记录实验结果，分析理论设计与实验结果是否一致。

（二）提高部分

用Multisim仿真软件设计实验内容2、3、4，用逻辑分析仪观察并分析输出波形。

五、实验所用芯片型号及引脚排列

实验所用芯片型号及引脚如图 9.8.1~图 9.8.5 所示。

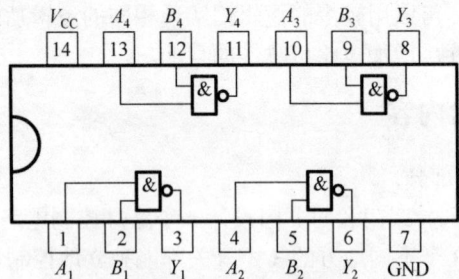

图 9.8.1　74LS00 四-2 输入与非门

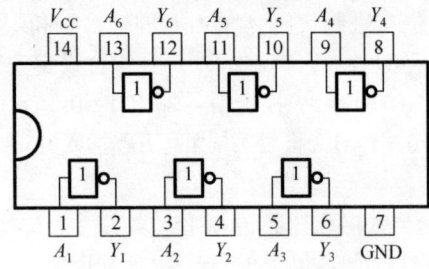

图 9.8.2　74LS04 六反相器

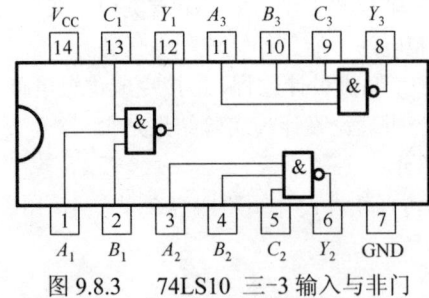

图 9.8.3　74LS10 三-3 输入与非门

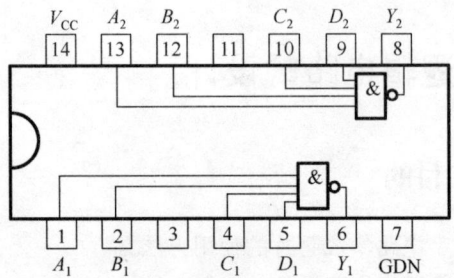

图 9.8.4　74LS20 双-4 输入与非门

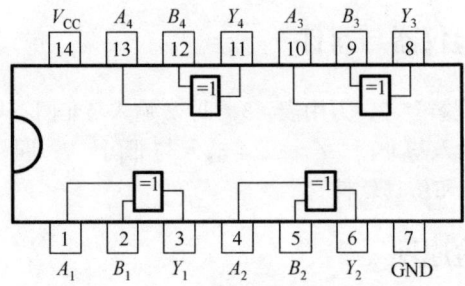

图 9.8.5　74LS86 四-2 输入异或门

六、预习要求

1. 实验前必须认真预习、阅读所用中规模集成芯片的使用说明，初步了解其引脚、逻辑功能和使用方法。

2. 应根据实验的内容和要求，设计并画出完整的逻辑电路图。要求列出真值表输入的取值，输出值则根据实验测试结果填写。

七、思考题

1. 进行组合逻辑电路设计时，什么是最佳设计方案？
2. 总结用中规模集成电路设计组合逻辑电路的思路和方法。

9.9 译码器

一、实验目的

1. 熟悉译码器的工作原理和使用方法。
2. 掌握中规模集成译码器的逻辑功能及应用。
3. 掌握译码器的设计方法和应用。

二、实验仪器与器件

1. 逻辑实验箱 2. 万用表 3. 3-8 译码器 4. 双踪示波器
5. 二-4 输入与非门 6. 三-3 输入与非门 7. 计算机和仿真软件

三、实验原理

在数字电路中,译码器是常见的多输入、多输出的组合逻辑电路。实现译码功能的电路即为译码器,是将二进制代码(输入)按其编码时的原意译成对应的信号或十进制数码(输出)。二进制的译码器有 n 个输入端,2^n 个输出端,常见的译码器有 2-4 译码器、3-8 译码器和 4-16 译码器。

以 3-8 译码器为例,要把输入的一组 3 位二进制代码译成对应的 8 个输出信号,最常用的译码器为 74LS138,其功能表如表 9.9.1 所示。它有一个使能端和两个控制端,S_1 高电平有效,为 1 时译码;为 0 时禁止译码,输出全为 1。$\overline{S_2}$ 和 $\overline{S_3}$ 低电平有效,均为 0 时可以译码,否则禁止译码,输出全为 1。

表 9.9.1 74LS138 型 3 位二进制译码器的功能表

使能	控制		输入			输出							
S_1	$\overline{S_2}$	$\overline{S_3}$	A	B	C	$\overline{Y_0}$	$\overline{Y_1}$	$\overline{Y_2}$	$\overline{Y_3}$	$\overline{Y_4}$	$\overline{Y_5}$	$\overline{Y_6}$	$\overline{Y_7}$
0	×	×	×	×	×	1	1	1	1	1	1	1	1
×	1	×	×	×	×	1	1	1	1	1	1	1	1
×	×	1	×	×	×	1	1	1	1	1	1	1	1
1	0	0	0	0	0	0	1	1	1	1	1	1	1
1	0	0	0	0	1	1	0	1	1	1	1	1	1
1	0	0	0	1	0	1	1	0	1	1	1	1	1
1	0	0	0	1	1	1	1	1	0	1	1	1	1
1	0	0	1	0	0	1	1	1	1	0	1	1	1
1	0	0	1	0	1	1	1	1	1	1	0	1	1
1	0	0	1	1	0	1	1	1	1	1	1	0	1
1	0	0	1	1	1	1	1	1	1	1	1	1	0

由逻辑表写出逻辑函数如下：

$\overline{Y_0} = \overline{\overline{A}\overline{B}\overline{C}}$ $\overline{Y_1} = \overline{\overline{A}\overline{B}C}$ $\overline{Y_2} = \overline{\overline{A}B\overline{C}}$ $\overline{Y_3} = \overline{\overline{A}BC}$

$\overline{Y_4} = \overline{A\overline{B}\overline{C}}$ $\overline{Y_5} = \overline{A\overline{B}C}$ $\overline{Y_6} = \overline{AB\overline{C}}$ $\overline{Y_7} = \overline{ABC}$

可见，当使能端有效时，每个输出函数等于输入变量最小项的非。

四、实验内容

（一）基础部分

1．测试 74LS138 的逻辑功能，将结果填入表 9.9.2 中。
2．设计一个病房优先呼叫系统。要求：每个病房有一个按键，当 1 号键按下时，1 号灯亮，且其他按键均不起作用；当 1 号键没按下时，2 号键按下，2 号灯亮且 3 号键不响应；当 1 号键、2 号键均没有按下，3 号键按下时，3 号灯亮。请用译码器设计电路并验证其功能。

（二）提高部分

用 Multisim 仿真软件设计实验内容 2，并观察分析输出波形。

五、实验所用芯片引脚排列及逻辑符号

实验所用芯片型号、引脚排列与逻辑符号如图 9.9.1 和图 9.9.2 所示。

表 9.9.2　验证 74LS138 型 3 位二进制译码器的逻辑功能表

使能	控制		输入			输出							
S_1	$\overline{S_2}$	$\overline{S_3}$	A	B	C	$\overline{Y_0}$	$\overline{Y_1}$	$\overline{Y_2}$	$\overline{Y_3}$	$\overline{Y_4}$	$\overline{Y_5}$	$\overline{Y_6}$	$\overline{Y_7}$
0	×	×	×	×	×								
×	1	×	×	×	×								
×	×	1	×	×	×								
1	0	0	0	0	0								
1	0	0	0	0	1								
1	0	0	0	1	0								
1	0	0	0	1	1								
1	0	0	1	0	0								
1	0	0	1	0	1								
1	0	0	1	1	0								
1	0	0	1	1	1								

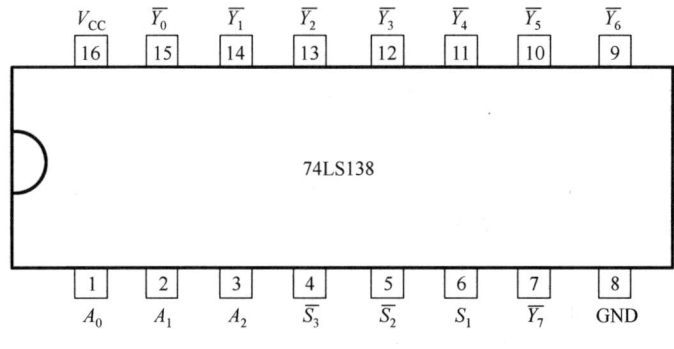

图 9.9.1　74LS138 译码器引脚图

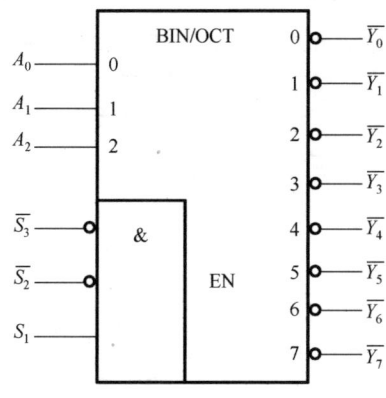

图 9.9.2　74LS138 逻辑符号

六、预习要求

1．实验前必须认真预习、阅读所用中规模集成芯片的使用说明，初步了解其引脚、逻辑功能和使用方法。

2．应根据实验的内容和要求，正确选用中规模集成芯片。设计并画出完整的逻辑电路图。要求列出真值表输入的取值，输出值则根据实验测试结果填写。

七、思考题

1．74L138 芯片的使能端有哪些功能？
2．从完成的设计中总结出译码器的主要作用。
3．比较基于基本逻辑门和译码器的设计有何不同，各自的特点是什么？

9.10　触发器与计数器的应用

一、实验目的

1．掌握触发器的功能及触发特性。
2．了解计数器的基本结构，掌握用触发器构成计数器的方法。
3．理解计数的概念，掌握任意进制计数器的构成方法。

二、实验仪器与器件

1．逻辑实验箱　2．指针式万用表　3．双 JK 触发器
4．双踪示波器　5．异步十进制计数器　6．同步二进制计数器
7．计算机和仿真软件

三、实验原理

1．触发器

触发器是能够存储一位二值信号的基本单元电路，是构成时序逻辑电路最基本的单元，也是中规模集成时序逻辑电路的组成元件。触

发器的组成是由门电路经过输入、输出信号的反馈作用，使得触发器的现态输出不仅与当前的输入有关，也和之前的状态有关，使得触发器成为具有记忆功能的元件。触发器的种类很多，按其逻辑功能分，主要有 RS 触发器、JK 触发器、D 触发器、T 触发器等；按电路原理分，有基本触发器、主从触发器、边沿触发器等。不管哪一种触发器，它的输出状态均为置 0、置 1、保持、翻转四者之一，并且各种触发器的输出表达式可以相互转换。

74LS112 是 TTL 双 JK 触发器，其输出特性方程 $Q_{n+1} = J\overline{Q}_n + \overline{K}Q_n$，真值表如表 9.10.1 所示。

表 9.10.1　JK 触发器真值表

J	K	Q_{n+1}
0	0	Q_n
0	1	0
1	0	1
1	1	$\overline{Q}_n$

2．计数器

计数器是一种能够记录输入脉冲个数的时序逻辑电路，应用广泛，种类繁多。按工作方式分，有同步和异步两类；按计数模值分，有二进制、十进制和任意进制；按计数顺序分，有加法、减法和可逆（双向）。目前常用的计数器都已有成品，一般来说，除计数外，它们还具备清零或预置功能。本实验用的 74LS90 的功能如表 9.10.2 所示，由表可知：当 $R_1 \cdot R_2 = P_1 \cdot P_2 = 0$（$R_1$、$R_2$ 为两个异步清零端，P_1、P_2 为两个异步置 9 端）时，计数器才能正常计数。如时钟从 CP_1 引入，Q_0 输出为二进制数；时钟从 CP_2 引入，Q_3 输出为五进制数；时钟从 CP_1 引入，而 Q_0 接 CP_2，即二进制数的输出与五进制数的输入相连，则 Q_3、Q_2、Q_1、Q_0 输出为十进制数（8421BCD 码）；如时钟从 CP_2 引入，而 Q_3 接 CP_1，即五进制数的输出与二进制数的输入相连，则 Q_0、Q_3、Q_2、Q_1 输出为十进制数（5421BCD 码）。两种不同接法所构成的十进制数的输出状态如表 9.10.3 所示。要构成十以内的任意进制计数，利用异步清零端或置 9 端均可实现。

表 9.10.2　74LS90 的功能表

输　　入			输　　出			
$R_D = R_1 \cdot R_2$	$P_D = P_1 \cdot P_2$	CP	Q_3	Q_2	Q_1	Q_0
1	0	×	0	0	0	0
0	1	×	1	0	0	1
0	0	↓	加法计数			

表 9.10.3　74LS90 不同码制状态表

序号	8421BCD 码				5421BCD 码			
	Q_3	Q_2	Q_1	Q_0	Q_3	Q_2	Q_1	Q_0
0	0	0	0	0	0	0	0	0
1	0	0	0	1	0	0	0	1
2	0	0	1	0	0	0	1	0
3	0	0	1	1	0	0	1	1
4	0	1	0	0	0	1	0	0
5	0	1	0	1	1	0	0	0
6	0	1	1	0	1	0	0	1
7	0	1	1	1	1	0	1	0
8	1	0	0	0	1	0	1	1
9	1	0	0	1	1	1	0	0

74LS161 是 4 位二进制的同步置数异步清零的加法计数器，此计数器可用其同步置数端和异步清零端构成十六以内任意进制计数器。74LS161 的功能表如表 9.10.4 所示。

表 9.10.4　74LS161 的功能表

$\overline{R_D}$	$\overline{LD}$	ENP	ENT	CP	d_3	d_2	d_1	d_0	工作状态
0	×	×	×	×	×	×	×	×	清零
1	0	×	×	↑	d_3	d_2	d_1	d_0	置数
1	1	×	×	↑	×	×	×	×	加法计数
1	1	0	1	×	×	×	×	×	保持（包括CO）
1	1	×	0	×	×	×	×	×	保持（但是CO=0）

四、实验内容

（一）基础部分

1. JK 触发器逻辑功能的测试

在双 JK 触发器 74LS112 中选定一个 JK 触发器，令它的 $\overline{R_D} = \overline{S_D} = 1$，$J$、$K$ 接逻辑开关，CP 接单脉冲源，Q 接指示灯，先使 $Q_n = 0$（使用 R_D 端使触发器置 0），再按表 9.10.5 改变 J、K 及 CP，观察指示灯，记录结果，再使 $Q_n = 1$，同样按表 9.10.5 改变 J、K 及 CP，观察指示灯，记录结果（注：JK 触发器下降沿有效）。

表 9.10.5　JK 触发器功能测试表

J	K	CP	$Q_n=0$ Q_{n+1}	$Q_n=1$ Q_{n+1}
0	0	1→0		
0	0	0→1		
0	1	1→0		
0	1	0→1		
1	0	1→0		
1	0	0→1		
1	1	1→0		
1	1	0→1		

2. 用 74LS90 实现 $M=9$ 和 $M=16$ 的计数器，CP 接实验箱上的单脉冲信号，或接 $f=1\sim2$Hz 的连续脉冲，输出 Q_3、Q_2、Q_1、Q_0 从高到低依次接指示灯显示或接实验箱上的数码显示输入 D、C、B、A，记录显示结果。结果正确，再用示波器的一个输入端接外部 CP，一个端口接最高位，观察其输出波形与输入波形之间的关系（注：用示波器观察波形时，CP 接 1kHz 的脉冲信号）。

3. 用 74LS161 实现 $M=10$ 和 $M=24$ 的计数器。CP 接实验箱上的单脉冲信号，或接 $f=1\sim2$Hz 的连续脉冲，输出 Q_3、Q_2、Q_1、Q_0 从高到低依次接指示灯显示或接实验箱上的数码显示输入 D、C、B、A，记录显示结果。结果正确，再用示波器的一个输入端接外部 CP，一个端口接计数器最高位，观察其输出波形与输入波形之间的关系。

完成上述设计，写出设计过程，记录实验结果，画出示波器所观察到的波形图，分析理论设计与实验结果是否一致。

（二）提高部分

用 Multisim 仿真软件设计实验内容基础部分的 2 和 3，用逻辑分析仪观察并分析输出波形。

五、实验所用芯片引脚排列及逻辑符号

本实验所用 74LS112 JK 触发器引脚图及逻辑符号如图 9.10.1 所示。

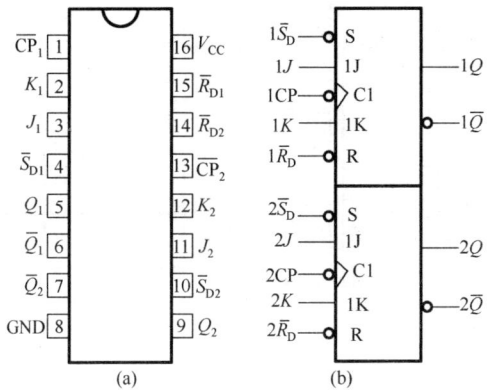

图 9.10.1　74LS112 JK 触发器引脚图及逻辑符号

采用的计数器为 74LS90 和 74LS161，74LS90 是一块二-五-十进制异步计数器，外形为双列直插，引脚排列和逻辑符号如图 9.10.2 所示，图中的 NC 表示此脚为空脚，不接线。其中 R_1、R_2 为两个异步清零端，P_1、P_2 为两个异步置 9 端，CP_1、CP_2 为两个时钟输入端，$Q_0 \sim Q_3$ 为计数输出端。74LS161 的引脚排列和逻辑符号如图 9.10.3 所示。

六、预习要求

1. 实验前必须认真预习、阅读所用中规模集成芯片的使用说明，初步了解其引脚、逻辑功能和使用方法。
2. 应根据实验的内容和要求，正确选用中规模集成芯片。设计并画出完整的逻辑电路图。要求列出真值表输入的取值，输出值则根据实验测试结果填写。

七、思考题

1. 集成计数器的同步清零和异步清零有什么区别？
2. 集成计数器的异步置数和同步置数有什么区别？
3. 同步计数器与异步计数器有什么区别？

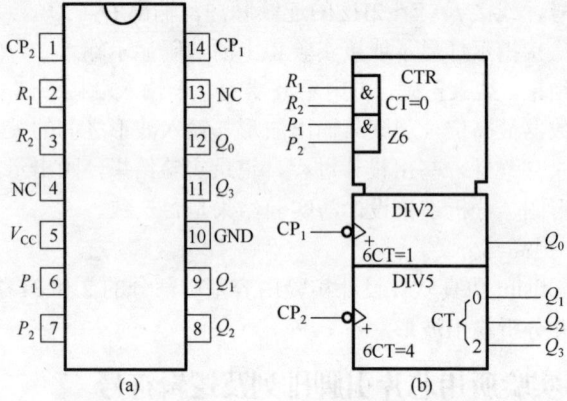

图 9.10.2　74LS90 的引脚图及逻辑符号

9.11　555 定时器及其应用

一、实验目的

1. 熟悉 555 集成定时器的组成及工作原理。
2. 掌握用 555 定时器组成常用脉冲单元电路。
3. 掌握用示波器测量脉冲参数的方法。

二、实验仪器与器件

1. 逻辑实验箱　2. 双踪示波器　3. 555 定时器
4. 计算机和仿真软件

三、实验原理

1. 555 定时器工作原理

555 定时器是一种将模拟功能和逻辑功能相结合的多用途集成电

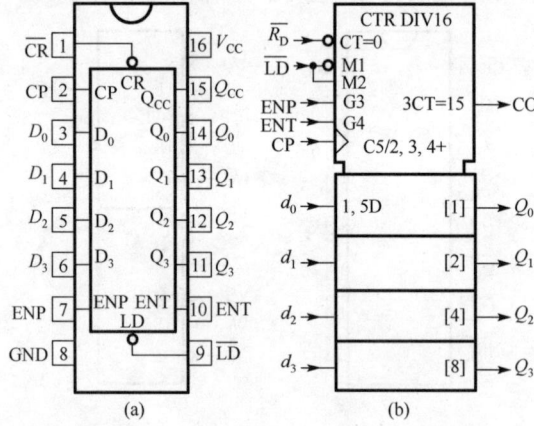

图 9.10.3　74LS161 的引脚图及逻辑符号

路，可产生时间延迟和多种脉冲信号，电路功能灵活，负载能力强，应用范围广。

CB555 定时器包含有两个电压比较器 A_1 和 A_2、一个基本 RS 触发器、放电晶体管 VT 及由 3 个 $5k\Omega$ 的电阻组成的分压器。其内部结构如图 9.11.1 所示。

U_{CO} 为电压控制端，该端口可以外加电压以改变比较器的参考电压，不用时经 $0.01\mu F$ 电容接地，避免引入干扰。

U_{OD} 为放电端，当 VT 导通时，外接电容元件通过晶体管放电。

u_O 为输出端，可直接驱动继电器、LED、扬声器等。输出高电压略低于电源电压。

综上所述，CB555 定时器的工作原理如表 9.11.1 所示。

表 9.11.1　CB555 定时器的工作原理

输	入		输	出
$\overline{R_D}$	u_{I1}	u_{I2}	u_O	VT 状态
0	×	×	低	导通
1	$> 2/3 V_{CC}$	$> 1/3 V_{CC}$	低	导通
1	$< 2/3 V_{CC}$	$> 1/3 V_{CC}$	不变	不变
1	$< 2/3 V_{CC}$	$< 1/3 V_{CC}$	高	截止
1	$> 2/3 V_{CC}$	$< 1/3 V_{CC}$	高	截止

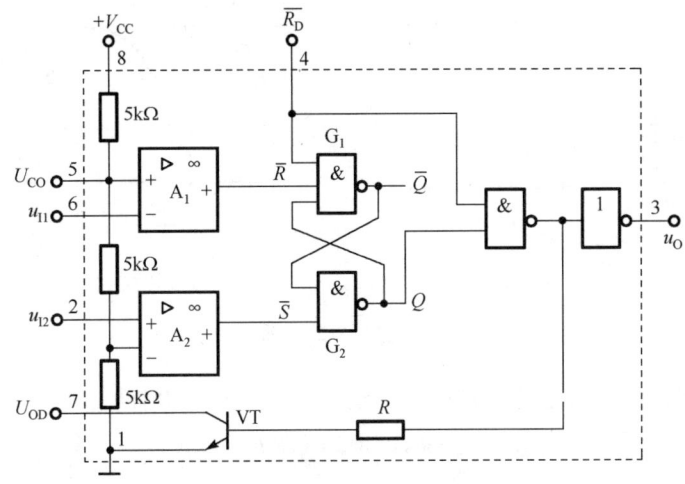

图 9.11.1　CB555 定时器的内部结构图

比较器的参考电压从分压器上取得，其中比较器 A_1 的参考电压为 $2/3\ V_{CC}$，加在同相输入端；A_2 的参考电压为 $1/3\ V_{CC}$，加在反相输入端。其工作过程分析如下。

当低电平触发端输入电压 u_{I2} 高于 $1/3\ V_{CC}$ 时，A_2 输出高电平 1；当输入电压 u_{I2} 低于 $1/3\ V_{CC}$ 时，A_2 输出低电平 0，使基本 RS 触发器置 1。

当高电平触发端输入电压 u_{I1} 低于 $2/3\ V_{CC}$ 时，A_1 输出高电平 1；当输入电压 u_{I1} 高于 $2/3\ V_{CC}$ 时，A_1 输出低电平 0，使基本 RS 触发器置 0。

$\overline{R_D}$ 为复位端，由此输入低电平（或使其电位低于 0.7V），而使触发器直接复位（置 0）。

555 定时器的引脚图和逻辑符号如图 9.11.2 所示。

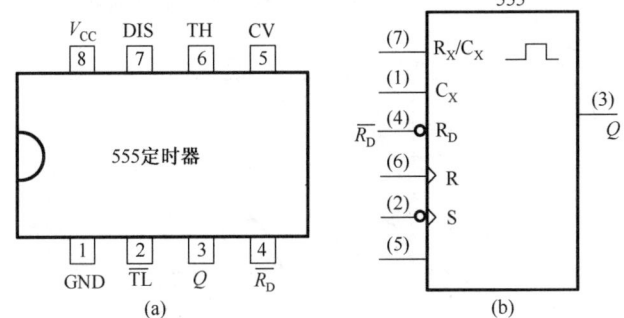

图 9.11.2　555 定时器的引脚图和逻辑符号

2．555 定时器的主要应用

（1）用 555 定时器构成单稳态触发器

图 9.11.3 所示为由 CB555 定时器组成的单稳态触发器电路。图中

2 脚为低电平触发端，6 脚为高电平触发端，4 脚为复位端，7 脚为放电端，3 脚为输出端，8 脚为电源端。在外界触发脉冲的作用下，电路由稳态翻转到暂稳态，暂稳态维持一段时间后，电路自动返回稳态。在输出端产生一个宽度为 t_p 的矩形脉冲。其宽度（暂稳态持续时间）为

$$t_p = 1.1RC$$

其工作波形如图 9.11.4 所示。

（2）用 555 触发器构成多谐振荡器

多谐振荡器是一种自激振荡器，无须外加触发信号，即可产生矩形脉冲。多谐振荡器是常用的矩形波产生器。本实验中由 CB555 定时器组成多谐振荡器，其电路图和波形图如图 9.11.5 所示。

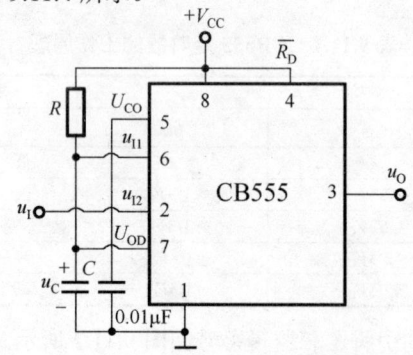

图 9.11.3 CB555 组成的单稳态触发器电路图

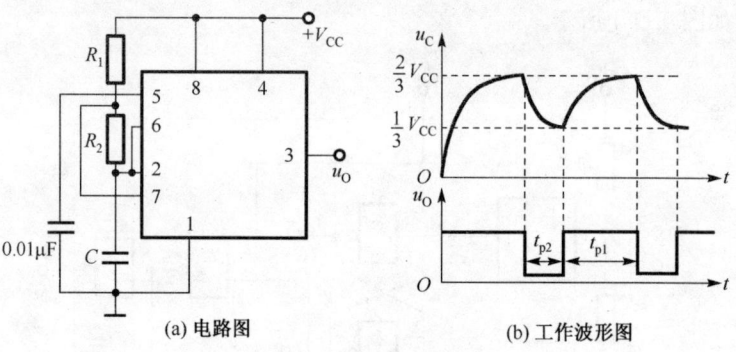

图 9.11.5 多谐振荡器

图示第一个暂态脉冲的宽度 t_{p1}，即电容充电的时间

$$t_{p1} \approx (R_1 + R_2)C\ln 2 = 0.7(R_1 + R_2)C$$

第二个暂态脉冲的宽度 t_{p2}，即电容放电的时间

$$t_{p2} \approx R_2 C \ln 2 = 0.7 R_2 C$$

振荡周期

$$T = t_{p1} + t_{p2} \approx 0.7(R_1 + 2R_2)C$$

振荡频率

$$f = \frac{1}{T} = \frac{1.43}{(R_1 + 2R_2)C}$$

输出波形的占空比

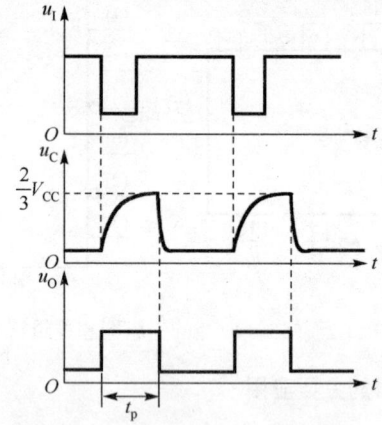

图 9.11.4 CB555 定时器组成的单稳态触发器的工作波形图

$$D = \frac{t_{p1}}{t_{p1}+t_{p2}} = \frac{R_1+R_2}{R_1+2R_2}$$

四、实验内容

（一）基础部分

1. 用 555 定时器构成多谐振荡器，给定 $R_1=R_2=100\text{k}\Omega$，$C=5000\text{pF}$。用双踪示波器分别观察 u_C 及 u_O 的波形，从而测量脉冲参数 t_{p1}、t_{p2}、U_{OH}、U_{OL}，并与理论值比较。计算 T、f。

2. 用 555 定时器构成单稳态触发器，给定 $R=100\text{k}\Omega$，$C=5000\text{pF}$，用实验 1 构成的多谐振荡器的输出作为单稳态触发器的触发信号。用双踪示波器分别观察 u_C 及 u_O 的波形，从而测量脉冲参数 t_p、U_{OH}、U_{OL}，并与理论值比较，计算周期、频率和占空比。

（二）提高部分

用 Multisim 仿真软件来仿真实验内容基础部分的 1 和 2。

五、预习要求

1. 实验前必须认真预习、阅读所用 555 定时器的使用说明，初步了解其引脚、功能和使用方法。

2. 复习单稳态触发器和多谐振荡器的工作原理。

六、思考题

1. 多谐振荡器要调整占空比，应该如何调整参数？

2. 由 555 定时器构成的单稳态触发器的输出脉宽和周期由什么决定？

参 考 文 献

[1] 秦曾煌. 电工学简明教程. 北京：高等教育出版社，2001.
[2] 劳五一，劳佳. 模拟电子学导论. 北京：清华大学出版社，2011.
[3] 康华光. 电子技术基础. 第五版. 北京：高等教育出版社，2005.
[4] 华成英. 模拟电子技术基本教程. 北京：清华大学出版社，2005.
[5] 谢嘉奎. 电子线路（线性部分）. 第四版. 北京：高等教育出版社，1999.
[6] 王文辉，刘淑英. 电路与电子学. 第三版. 北京：电子工业出版社，2005.
[7] 方维，高荔. 电路与电子学基础. 第二版. 北京：科学出版社，2005.
[8] 夏应清. 模拟电子技术基础. 北京：科学出版社，2006.
[9] 麻寿光. 电路与电子学. 北京：高等教育出版社，2005.
[10] 刘京南. 电子电路基础. 北京：电子工业出版社，2003.
[11] 马积勋. 模拟电子技术重点难点及典型题精解. 西安：西安交通大学出版社，2001.
[12] 卫行尊，李森生. 模拟电子技术基础. 北京：电子工业出版社，2005.
[13] 华君玮，李基殿. 电工学（下册）——数字电子技术基础. 合肥：中国科学技术大学出版社，2008.
[14] 姜三勇，秦曾煌. 电工学（下册）学习辅导与习题解答. 北京：高等教育出版社，2011.
[15] 王友仁，陈则王，林华. 数字电子技术基础学习指导与习题解析. 北京：机械工业出版社，2010.
[16] 高燕梅，沙晓菁，梁超. 数字电子技术基础. 北京：电子工业出版社，2012.
[17] 张亚君，陈龙. 数字电路与逻辑设计实验教程. 北京：机械工业出版社，2008.
[18] 王保均. 电子技术基础及解题指导. 北京：中国人事出版社，1999.
[19] 童诗白，华成英. 模拟电子技术基础. 北京：高等教育出版社，2001.
[20] 陈大钦. 模拟电子技术基础问答·例题·试题. 武汉：华中理工大学出版社，1999.
[21] 吴立新. 实用电子技术手册. 北京：机械工业出版社，2002.
[22] 解月珍，谢沅清. 电子电路学习指导与解题指南. 北京：北京邮电大学出版社，2006.
[23] 杨素行. 模拟电子技术基础简明教程. 第三版. 北京：高等教育出版社，2006.
[24] 周淑阁，付文红，硕力更，吴少琴. 模拟电子技术基础. 北京：高等教育出版社，2004.
[25] 周连贵. 电子技术基础学习指导（非电类）. 北京：机械工业出版社，2003.
[26] 电子技术（从交、直流电路到分立器件及运算放大电路）. Robert T. Paynter, B. J. Toby Boydell. 姚建红，张秀艳. 北京：科学出版社，2008.
[27] 电子器件（从原理分析到故障检修及系统应用）. Thomas L. Fload. 杨栈云，李世文，王俊惠，曾鸿祥. 北京：科学出版社，2008.
[28] 汪胜宁，程东红.《电子线路（第四版）》教学指导书. 北京：高等教育出版社，2003.
[29] 华柏兴. 电路与电子学实验. 北京：机械工业出版社，2005.
[30] 饶增仁，安红心，汤书森，等. 数字电路实验教程. 北京：清华大学出版社，2013.
[31] 王娜，蔡梁伟，梁松海. 数字电路与逻辑设计（第二版）学习指导与习题解答. 西安：西安电子科技大学出版社，2009.
[32] 王智忠，赵旭峰. 电工学（下册）. 北京：中国电力出版社，2009.
[33] 刘晔. 电工技术（电工学Ⅰ）. 北京：电子工业出版社，2010.
[34] 徐淑华. 电工电子技术（第3版）. 北京：电子工业出版社，2013.
[35] 田慕琴. 电工电子技术（第3版）. 北京：电子工业出版社，2012.